JN316162

フリーアナウンサー

加藤千佳の
華麗な交流録
chika本

～フェミニョンへの道～

FOOD·GAS·SHOPS·BEACHES
HALE'IWA
NORTH SHORE

Contents

Introduction

はじめに

こんにちは

名古屋のフリーアナウンサー 加藤千佳です

書店の数ある本の中から

私の本を選んで手に取ってもらったこと

本当に感謝しています

まずは

私のことを改めて知ってもらうためにも

簡単に自己紹介させてください

アナウンサーになるまで

幼い頃は、しゃもじを持って風呂桶の上に立ち、森昌子さんの「せんせい」を歌うような子供でした。**小学校の時に名古屋から東京に引っ越したのをキッカケに、すごく寂しい気持ちになって登校拒否になった**りもしましたが、再び名古屋に戻ってきた時の担任の先生がとても優しい方で、ご自宅に呼んで下さったり、ハンバーグを食べに連れていって頂いたりするうち、**先生にどんどん心を開いて、クラス長に任命されるほど活発になっていきました。**

それからは楽しい学生生活を送るように…。人前でしゃべる仕事がしたいと思うようになったのは、ちょうど高校生の頃でした。ニュースを読んでいるアナウンサーの皆さんが素敵だなと思い、**大学時代はナレーターのアルバイトを選び、車の展示会などで司会をしました。**18歳の時ナレーターを養成する学校に3ヶ月間通ったのですが、今では考えられないくらい記憶力が良くて(笑)、車の難しい専門的な用語も、一字一句違わず憶えることができたのです。人前でしゃべっているうちに、私が上手くナレーションをすると、興味を持った人がちゃんと話を聞いてくれて、一方通行じゃない、相手の反応が見られることがますます楽しくなり、**“しゃべる仕事”が本当に天職だと強く意識するようになりました。**

大学卒業後、CBC(中部日本放送株式会社)に入社することになるのですが、その頃に日テレのアナウンサーで結成されたユニットDORAや、フジテレビの河野景子さんがアナウンサーとして活躍されていた姿がとても輝いて見えて、**“とにかくアナウンサーになりたい!”**と強く思うようになりました。実際、アナウンサーになってみたら、憧れだけじゃない辛いこともたくさんあって、局の廊下で泣いたり眠れない夜を過ごしたりもしましたが、今では楽しいことしか思い出せない…それほど充実した日々でした。

大好きなワイン

フリーアナウンサーとして独立した後は、自分の時間も少しずつ持つこともできるようになり、色々な趣味にのめり込むようになっていったのですが、特に**ワインとの出会いは今から15年ほど前で、それは運命的なものでした。**

お互いの行きつけのお店が同じだったので、父親と初めて2人で食事に行こうという事になり、私のバースデーに島幸子さんの『サミュゼ・アン・トゥラヴァイヨン』に連れて行ってもらった時の事でした。島さんの粋な計らいで私が生まれた年（1969年）のワイン「ドゥデ・ノーダンのコルトン」を出して下さったのですが、1969年というのはブルゴーニュの赤ワインの当たり年で、**勧めてもらったワインがビックリするほど美味しくて、まさに目から鱗状態でした。**私がワインに開眼した瞬間でした。それからは**「世界中にあるワインを全部飲みたい！」**という意気込みで島さんのワインスクールに通い、飲んだワインに関しては翌朝、種類や配合（セパージュ）、歴史や謂れなどをパソコンで調べて独自にまとめ、**ソムリエスクールに通って資格試験を受けるまで、ワインに心酔していくわけです。**

とにかく好奇心旺盛！ そんな性格も手伝って、ゴルフにマラソン、水泳、ヨガとどんどん趣味が増えていきましたし、これからもまだまだ増えていくと思いますね（笑）

運命的な出合いをしたフランス

もうひとつ私が大好きなのがフランス。

おかしな話と思われるかもしれないですが、まずは聞いてください。2000年の初夢で枕元に白い洋服を着た神様が立って「千佳よ！フランス語を勉強しなさい!!」とおっしゃったのです（何故か日本語で）（笑）。それが1月1日、元旦だったのですが、翌日にはNHKのフランス語講座を録音して毎日聴くようになりました。翌年には、仲良くしていたアナウンサーの先輩がパリに住むことになったので、先輩を頼り私も毎年フランスに行くようになりました。はじめてフランスに降り立った瞬間は、白とグレーしかない石畳に、街角にある色鮮やかな花屋さんの絶妙なコントラストが印象深くて、ちょっと大袈裟かもしれませんが「これこそ私の街！」と思い、一瞬で大好きな街になりました。

フランス好きはさらに加速して、自身のブログはもちろん、パーソナリティを務めさせてもらっているMID-FMの番組名は、「Bienvenue au Marché」“マルシェへようこそ”ですし、社名の「Etoleil（エトレイユ）」は、星という意味のエトワールと、太陽という意味のソレイユを合わせて造語で作りました。朝も昼も夜もいつも空にあって、朝と昼は太陽、夜は星が照らしてくれる。いつもそっと皆さんの側にいられるような会社にしたいと名付けました。月刊Cheekで連載している「“フェミニョンへの道”」も、フェミニン（女性らしい）とミニョン（可愛らしい）を合わせた造語がふと浮かんできました。“女性らしいけど可愛い人”が、名古屋の街にもっと増えたらイイなという願望も込めています。

白い洋服を着た神様がミレニアムのあの日、私の枕元に立たなければ、フランスとの接点も無かったと思いますし（笑）、人生の要所要所に何か大きなパワーを感じる事が良くあります。そんな直感にも似た“何か”を私は信じています。

可愛いおばあちゃんになりたい！

将来の目標はズバリ"可愛いおばあちゃん"になること。イメージ的に伝わりやすいのは、故森光子さんや八千草薫さん。しかし、理想であり**憧れの女性は、1番身近な存在である私の母です。**天使のように清らかで可愛らしく控え目だけど、そのスタイルに迷いはなく芯は強い。近くにお手本がいることは、とても有り難いといつも思っています。

曲がった事が好きではないので、たまに誤解や失敗、勘違いなども起こし得る性格ですが、常に自然体でいることがとても大切だと思っています。**好き放題食べて飲んで歌って、夜出掛けている事も多いそんなライフスタイルですが(笑)**、とにかく『人が好き』なのです。人と会って会話をし、時を共有し、お互いみんなが笑顔でいられるのが私の理想であり、私にとっての一番のエネルギー源でもあるのです。

毎日が"適度に"満たされています。

とにかく、色々なことに興味があって、常に楽しいことを探していく性分。お陰で、**一緒に時間を共有してくれる友人もたくさんいますし、仕事でも様々な経験をすることもできます。大きな躍進や驚くような奇跡はない日々ですが、いつも緩く柔らかく"適度に"満たされています。**私はこの"適度に"がポイントだと思っています。120%満足してしまえば、甘えたり傲慢になったりするかもしれない。みんな忙しいし、みんな悩んでいるし…。使うことのできる私の時間をそんな人たちの手をそっと引っ張って、少しでも元気になってもらう事に使いたい。それが私に与えられた使命なのかと思っています。

…この本を通して、

素敵な友人たちに囲まれストレスが溜まらない毎日と、食いしん坊ぶり（笑）が

少しでも皆さんの参考になれば幸いです。

関わって頂ける、少しでも多くの皆様が笑顔で過ごせますように。

加藤千佳

01
02
03
04
05
06
07
08
09
10
11
12
13
14
15
16
17
18
19
20
21
22
23
24
25
26
27
28
29
30
TOYOTA

Chika's friends

私にとっての加藤千佳さん

喋ること、飲むこと、食べることが大好き。
そんな彼女の周りには、いつも“笑い”が耐えず自然と人が集まってきます。
多くの時間を共にしている仲間や友達は、
加藤千佳という人間をどう見ているのでしょうか？

家族想いの加藤千佳さんは
いつも暖かい心の持ち主

加藤家とは、千佳さんのお爺様と日動画廊創始者で私の義父である長谷川仁とのお付き合いに始まり、以来家族ぐるみで親しくさせて頂いている。私の本の出版記念パーティーでは司会をお願いしたが、さすがプロで楽しく盛り立ててくださった。千佳さんは華やかで社交家であり、また家族想いの暖かい人である。妹さんの結婚披露宴の時、宴たけなわに涙ながらに司会をされていたのが印象的であった。疲れ知らずのタフさを持ち、お酒が強くワイン通である。そんな千佳さんをひとり占めしようという勇気のある男性が出てこないのが心配である。

FILE.01

長谷川智恵子

chieko hasegawa

日動画廊　副社長

chika's voice

憧れの女性、人生の先輩、母親のように優しく頼りになる女性、それが私にとっての智恵子さん。祖父や父からのご縁で親しくさせて頂いていますが、箱根や蓼科にある別荘や美術館にご招待いただいたり、ある年の年越しは長谷川家とハワイ島で一緒に過ごした事は、忘れられない想い出です。そうそうその時に、先にハワイ入りしていた智恵子さんから「千佳ちゃん、ハワイに来る時にスーパーで伊達巻と蒲鉾だけ買ってきてね〜」と仰せつかったのですが、美食家の智恵子さんのお口に合わなかったらどうしよう？ と心配に。そんな私に「とっても美味しいわ」と気を遣って下さる心遣いに感動していました。智恵子さんの3女・暁子ちゃんの結婚式にも招待して頂いたり、智恵子さんの出版パーティーで司会させて頂いたり…と、普通では経験できないような素敵な体験も沢山！ エルミタージュ美術館に営業するため日本からお米や食材を持ち込みもてなしたエピソード、箱根の別荘にいらしたシラク大統領ご夫妻をもてなしたエピソードなど、智恵子伝説は数に限りがありません。足元にも及びませんが、私も少しでも近付けるような後悔のない生き方をしたいなと、思っています。また色々教えて下さいね！

Chika's voice

周りの友人たちからの紹介で、ある時「はじめまして！」とさせて頂くことができました。憧れのミューズは噂通りの男前の気さくな女性で、ガハハと大声で笑い、グビっとワインを飲み、My唐辛子セットを持参し、たまに“変装”とおっしゃって大きなキャップを被って現れるも、逆に綺麗すぎて目立っちゃう(笑)。しかし、一旦ライブとなればこの世のものとは思えないほどの甘くセクシーなオーラを振り撒き、周囲を一気に虜にさせる。ケイコ姐さん、これからもついて行きます!!

Keiko Lee

ケイコ・リー

ジャズシンガー

FILE.02

デキる女のプライベートは可愛い妹みたいな女の子

初めて会ったのは、名古屋市内の美味しいイタリアンのお店。明るくセンスのいいお店の雰囲気にピッタリの可愛らしい女性が、これまた明るく元気な声で「ケイコ・リーさーん、はじめまして！ 加藤千佳です」と、ご挨拶をしていただきました。向日葵のような佇まいと、とびっきりの笑顔が印象的でした。その後、何度かお食事や飲み会でご一緒する機会があり、お会いする度にとっても気さくでいて、聡明な千佳ちゃんの人柄に惹かれていきました。私のボケに、カメレオンが舌で虫を捕える程のスピードでツッコミを入れてくる彼女とのやり取りで、食事会はいつも爆笑の渦に(≧∇≦)時折みせる可愛らしいワガママにもよく顔がほころびます。アナウンサーとしての加藤千佳は、ゲストで出演させていただいた私を存分に気遣って下さるデキる女。プライベートの千佳ちゃんは可愛い妹みたいな女性。どちらも嘘偽りない素敵な女の子。千佳ちゃん、益々美しさと可愛らしさに磨きをかけて世の皆さんに元気を振りまいていってください。時々疲れたら、私が癒してあ・げ・る♥

島 幸子

yukiko shima

サミュゼ・アン・トゥラヴァイヨン　オーナー
シニアソムリエール

FILE.03

お父様が導いてくれた運命的な出会い

千佳ちゃんとは彼女のお父様のお蔭でご縁が繋がりました。ある夜、私のワインバー『Samuser』にお2人でご来店。その時、たまたま千佳ちゃんのバースデー・ヴィンテージのブルゴーニュワインが手元にあったので、「お父様とご一緒の時にこそ、お飲み頂きたいワインです」とお勧めしました。最高の生産者ドゥデ・ノーダン、そしてブルゴーニュの当たり年、お父様が愛娘の為に生まれ年のワインを抜く。この素敵な状況でお二人の笑顔をいただいて、ソムリエールとして忘れられない思い出の夜となりました。ご家族のお食事会にご一緒させていただいた事もあり、千佳ちゃんは私にとっては可愛い妹のような、年下のいとこのような身近な存在です。華やかで優雅という表現がぴったりの人ですが、素直な性格と一生懸命な真面目さがあるからこそ、多くの人を引き付けるのでしょう。シャンパーニュを飲みながら、時々語り合う時間を楽しみにしています。

chika's voice

「ワイン」という、人生を変えるほどの宝物を与えてくれた私の女神、島さん。それ以降も、私の人生の転機になるような時の相談にも幾度となく乗ってもらっている、かけがえのないお姉さま。島さんのおかげでワインに魅了され、島さんのワインスクールに通ったのがワインの扉を開けた最初かな。宝塚の男役のように颯爽と格好良くいつもパンツ姿なのですが、コマンドリー・ド・ボルドーの叙任式の際イブニングを着た時の照れたお顔に、後輩ながら「可愛い」と思ってしまいました! 島さんの著書の中にもありますが、良く我々にもお話し下さるソムリエールとしての素敵なエピソードの数々…私も今ではそうした事を後輩たちに語る側になりました。島さんスピリッツを忘れず、昔の大切な思い出をしっかり胸に刻み込んでおきたい。『ドゥデ・ノーダンのコルトン1969』、もちろん忘れることは決してありません!!

人に応えてくれる彼女の生き方こそ誰もが幸せになるおもてなし美人

近寄りがたいと思う人もいるかもしれないほどエレガントな千佳ちゃんですが、意外と気さくでチャーミング。女性でも男性でも、年齢の上下にかかわらず、かわりなく親しく出来る人です。時々びっくりするような過激なトークでみんなを盛り上げます。自分と同じ酉年の人の会を作るなど、仲間をまとめる親分肌のところもあり、とにかく人に貢献するのが大好き。周りのみんなを楽しくさせるホスピタリティーにあふれています。ビジネスにかかわることでも、色々な人を紹介していただきました。走ったり、ゴルフをしたり、スポーツもするし、ワインの知識もソムリエ級。私との接点は特に食べたり飲んだりすることですが、バーベキュー好きな私の料理や、お菓子をいつも褒めてくれます。意外と傷つきやすいデリケートな一面もあるんじゃないかなあ。

岩田有司

yuji iwata

株式会社フレイバーユージ
代表取締役

FILE.04

Chika's voice

いつも変わらぬゆったりと流れる有司ワールド、その天使のような微笑みに癒されている方も多いはず。我等「酉の会」の兄貴的存在でもあり、労を惜しまず参加もして下さるマメさも持ち合わせる貴重な存在。社会的にも色々な役職を任され、沢山の責任や会合もあるでしょうに、いつお会いしても焦らない変わらない、いつもの笑顔。有司さんは良く「エレガント」という言葉を遣うのですが、私は個人的に有司さんのこの響きがとても好き。“やはり然るべく人が然るべき言葉を遣う”というのは自然体で馴染みやすいのだ。私も素敵な言葉が似合う女性になりたいな、と聞くたびに思う。岩田邸BBQ大好評につき希望者多し。是非来年もお肉のパレード、よろしくお願いします!

Chika's voice

美しくも気さくで楽しいソプラノ歌手。とにかく初対面で意気投合し、何故今まで出会わなかったんだろう? と後悔したほど(笑)。ミラノや東京、そして名古屋でも、よく一緒に泡、ワイン、お喋りを楽しんだよね♪ 慶江ちゃんとの時間は全てキラキラしていて、まだもう少し若かったお互い30代の素敵なページたち。どんどん素敵になる彼女にずっとエールを送り続けます。また"ハッピー泡"しようね!

FILE. 05

鈴木慶江

norie suzuki

ソプラノ歌手

魅力の尽きない女性 千佳さんのいる名古屋が大好きです

千佳さんとの出逢いは2002年。この年私はメジャーデビューし、その年の名古屋でのリサイタルのプロモーション時に、当時CBCの人気アナウンサーだった千佳さんが、私のインタビュアーとアテンドをしてくださいました。午前中の収録時が初対面。でも、すぐに旧知の友人のような親しさで話が盛り上がり、テレビですごく自然に話せたことをよく覚えています。そのままランチへ誘っていただき名古屋で人気のおしゃれな中華レストランをすぐに手配してくれました。仕事で美味しい時間を楽しむ機会などほとんど皆無だったので、初めて名古屋の魅力を教えていただき、名古屋を好きになったのは千佳さんのおかげです。そして、お仕事なのに心かけてくださる姿勢がとても素敵に思い、見習おうと心がけるようになりました。以来、ミラノ(当時在住)と名古屋での交流がスタート。名古屋に伺う時は、名古屋イチ人気のレストランに連れていってくださったり、東京で会うときは夜通しおしゃべりして、お互い海外が好きなので話題に尽きず楽しかったです。ミラノでもお会いしましたね。ホテル『ブルガリ』の中庭が私は大好きで、中庭のソファーでハッピーアワーを一緒に楽しみましたね。因みに私たちのハッピーアワーは、いつもシャンパーニュです(ハッピー泡?)。日本では、いつも仕事のプレッシャーの中にいて孤独でしたが、千佳さんといる時は、イチ女子でいられました。いつも笑顔で可愛く、お洒落で、人生Enjoy上手なトレンドセッター。私の憧れの女性です。

仕事もプライベートも
見事に関心させられっぱなしです

1991年の僕のデビューからお世話になった、CBCラジオ「0時半です松坂屋ですカトレヤミュージックです」の幾度かの出演が、加藤千佳さんと知り合うきっかけとなりました。そのラジオ生放送でのやり取りに、当時まだまだ駆け出しだった口下手な黒木憲ジュニア（当時 唐木淳）の進行役やインタビュー、はたまた僕のしゃべりのフォローなどを難なくこなし、本当におしゃべりの上手な方なんだなと関心した事を思い出します。放送終了後も持ち前の気さくな性格で色々とお話をして下さり、すぐに打ち解け親しくなる事が出来ました（単におしゃべり？（笑））。後に、レコード会社のスタッフやマネージャーなどとの食事会でお酒好きな事も発覚！ しかも強い！ 男も顔負けの酒豪に、ここでも関心？ させられる事となりました（笑）。今後とも良い仲間、良いお付き合いで宜しくお願い致します（^^）

黒木憲ジュニア

ken kuroki jr.

歌手

FILE.
06

chika's voice

「じゅんじゅん」…と呼ばせて頂いております。唐木淳＝じゅんじゅんのデビューと私のCBCアナウンサーデビューが同じ年で、私にとっても駆け出しアナの頃、いつも明るく元気で人生を目一杯楽しもうとしている彼とのお仕事は、とても楽しかったのを覚えています！ 見ての通りの派手な造作からは想像もつきませんが、とてもシャイで気遣い上手。仕事の後名古屋駅で「1杯飲む？」のはずが、話が盛り上がり最終新幹線まで一緒に飲んだり、スポーツの趣味を共有したり…楽しかったね。若かったね（笑）。今では普通に飲み仲間。じゅんじゅんの活躍を応援するひとりです。

男性顔負けの“こだわり”を持つ
知識豊富な女性

加藤さんは、まず明るい。一緒にいる全ての人がぱっと明るくなり、楽しい雰囲気になります。又彼女は、探究心が強くいろんな分野について知識が豊富です。職業柄とはいえ一緒にいて話題が尽きず、彼女と一緒にいると時間が早く過ぎるようです。あと、彼女は、健康オタクであること。マラソン、ゴルフ、ジム、健康の関わる食事、私も元アスリートですが彼女のこだわりには負けてしまいます。そんな加藤さんにひとつだけ注文をつけるのなら、お酒が強過ぎる事です。特にワインは加藤さんの得意分野ですが男子顔負けです。色々紹介しましたが、加藤さんは人を幸せにする魅力的な方です。これからも益々その魅力に磨きをかけて下さい。

松山 吉之

yoshiyuki matsuyama

京料理松山閣松山
代表取締役社長

FILE.07

chika's voice

松山さん、いつもありがとうございます。松山さんの京都弁にいつも癒されている私です。爽やかな笑顔とスタイルの良さ、フットワークの軽さは、まさにスポーツマン。Jリーガー時代はさぞかしおモテになったんだろうな〜と(当然今も変わらぬとは思いますが…)! ある時ゴルフをご一緒した際、かなり土砂降りの雨が降っていて我々は皆レインウェアを着て仕方なくプレイに臨んだのですが、松山さんは何と!「合羽持ってないし、選手時代そんなものを着て練習する仲間はひとりもいなかった」と、楽しそうに濡れながらプレイされていたのが今でも強烈な想い出です。京都でお食事させて頂くときは、京料理や器、祇園旦那衆の掟、京文化などについても色々と教えて下さり、でもワインだけは私に選ばせて下さるのも楽しみのひとつ♪ 名古屋で京都で、また美味しい時間をご一緒下さいね!

Chika's voice

こう見えてもゴルフ歴27年の私です。CBC当時はまだゴルフをする女性アナも少なくて、「中日クラウンズ」のスタートアナは入社以来ずっと担当させて頂きました。99年今野プロ優勝の時もしっかりアナウンスさせてもらったんですが、その話は今でもよく話題に上ります。お肉が大好きな我々の食事はいつもお肉とワイン。プロゴルファーという職業の話が面白く色々聞き出してしまいます(笑)。私の話に目をまん丸くしながら聞いてくれる姿が何より楽しいのです！ 今後の夢は、オフの時に必ずマラソン大会に連れ出す事。またお肉行きましょうね〜♪

今野康晴

yasuharu imano

プロゴルファー

FILE.08

彼女と共通の趣味の話をすることが僕にとっての活力です

加藤千佳さんと最初にお話しをしたのは、数年前の男子プロゴルフトーナメント「中日クラウンズ」でした。CBCさんが主催となっているため、加藤さんはスタートアナウンスを何年か勤めていました。僕も何回かは加藤さんに名前を呼ばれてスタートしていましたが、選手はスタートする時が一番緊張する為、1番ホールのティーショットの事で頭が一杯で誰に名前を呼ばれたかは全く覚えていないものです。おそらく、1999年に僕が「中日クラウンズ」で初優勝した時も。それから何年かたって、僕がワインに少し興味を持った事や加藤さんがワインに詳しかった事、加藤さんがゴルフをやる事で、色々と話すようになったと思います。ラジオ番組にも呼んで頂いたこともあります。話すのを仕事にしていただけの事はあって、普段会っても本当によくお話しになります。マラソンもやられるようで、フルマラソンの話しなんかをよく聞きます。それに名古屋で美味しいお店や整体の先生も紹介して頂いて、名古屋での試合の時はよく行きます。ゴルフの腕前もなかなかと聞いていて、いつかは行きたいと話してはいるのですが…。ワインにゴルフにマラソンというのが僕の加藤千佳さんイメージです。

©N.G.E

楢﨑正剛

seigo narazaki

名古屋グランパス

FILE.09

chika's voice

言わずと知れた名古屋グランパスの名キーパーは、とってもシャイで優しい男性。楢﨑君のとびっきりの笑顔を見るとこちらまで幸せになります!『シェ・コーベ』の須賀くんが命名してくれた「千佳会」の、私以外の女子たちは面白いほど天然で、その内の一人は誰でも知っているサッカーのルールや「楢﨑さんって奈良生まれだから楢﨑なんですね～」みたいなとんでもない事を楢﨑くんに聞いている…サッカーファンが聞いたら速攻気絶してしまいますよね(笑)。そんな時もいつも丁寧、親切、気遣い、爽やか、男前、イケメン…あ、少し偏ってきてますが。忙しいでしょうけど、またいつでも「千佳会」は楢﨑くんの参加を待ってます♪

「千佳会」発足のおかげで刺激的な仲間が増えました

八事にあるフランス料理屋『シェ・コーベ』の総支配人須賀さんと知り合いで、2年ぐらい前に須賀さんに食事に誘われて行った時に、加藤さんがいらっしゃったのが最初の出会いです。その後、LINEで連絡をやりとりするようになりました。その時に集まっていたメンバーで、定期的に集まろうという話になり、名前は「千佳会」(笑)。何回か参加させてもらったのですが、サッカーをやっているだけでは中々知り合えない人たちと会えるので、僕にとっては刺激的な会です。会がある時には、どこのお店で開催するのか、何か各自持ち寄ろうかという話になるのですが、僕にはその知識がまったくないので、何が喜ばれるのか分かりません(笑)。いつも僕の試合のスケジュールを気にかけてもらっているのに、中々会に参加できてなくて申し訳ないのですが、またぜひ誘ってほしいです。セレブな雰囲気を持つ加藤さんには会うたびに少し緊張しますが、普通に楽しい話をさせてもらっています。いつもアクティブで、旅行に行ったり、飲みに出かけていたり、パーティーに参加したり、マラソンに参加したり…、いつ休んでいるのか知りたいです。

人への思いやりを絶やさない天真爛漫な自由人

千佳ちゃん、このたびは「ちかぼん!?」の発刊おめでとう!! 自分のライフワークのひとつが単行本というカタチになって残るなんてスゴイ…あらためてそう思います。今回のチャンスをくださった皆さんにくれぐれも感謝してくださいね(笑)。でも、それもこれも結局はアナタの素晴らしい人柄があってのことなんだろうね。出会った頃は世間知らずのお嬢様という先入観しかなかったけど(ごめん)、仲良くなって一緒にゴルフに行ったり、食事に行く機会が増えるにつれ、意外にもしっかりと“自分”を持っている女性なんだと気づかされました。そしてそれと同時に感じたのが、いつも周囲の人を気にかけたり、思いやりを絶やさないアナタの自然な優しさ。この人は根っから人を大切にできる女性なんだと感心したものです。毎日毎晩!? ○○パーティーやらレセプやら、ふと気がつくといきなり海外にいたりして、そのあまりにも自由で多忙すぎる生き方のなかにも、常にまわりへの気配りを忘れないナチュラルな優しさがアナタの最大の魅力だと思います。これからもますます天真爛漫な自由人として、世の中の人を驚かせたり、ハッピーにしてくださいな。友人のひとりとして大いに期待してます!!

青山佳弘

yoshihiro aoyama

月刊カジュアルゴルフ
(株)226 代表取締役

FILE. 10

chika's voice

あのぉ…褒められてますよね!?(笑)。青山さんに初めてお会いしたのは何年か前の年末のゴルフコンペでしたね。クールなプレイでカッコ良くてS的な要素も垣間見えたあの日のゴルフは、寒かったけど楽しかった。カジュアルゴルフさんのコンペでベストハーフ42が出せたのも、伸び伸びプレイさせてもらえた青山さんの雰囲気作りのおかげです! ありがとうございます。毎日毎晩パーティーにもレセプにもいませんけど、毎日めちゃくちゃ楽しいです♪ お墨付きを頂いたので、これからも「天真爛漫な自由人」続行させて頂きますね。

私にとっての辞書は無邪気でパワフルな可愛い後輩

中部日本放送アナウンス部の後輩である千佳ちゃん。初めて会ったとき(20年以上前のことですが)のことを鮮明に覚えています。「私、先輩が着てるお洋服が大好きなんです。テレビで見て、買いにいっちゃいました! 」と満面の笑み。「なんて無邪気で、素直な子だろう」というのが第一印象です。でも千佳ちゃんの印象はずっと変わりませんね。無邪気で素直。それに、溺れるほどにお酒を楽しみ、フットワークも軽く、その上人一倍からだを動かすんです。あの細いからだのどこにそんなパワーがあるのだろうと思いますが、それが彼女の魅力ですよね。声をかければすぐにこたえてくれるし、「迎えにいきますよー」なんて気軽に言ってくれる。とにかく誰でも何でも知ってるから「人」や「店」については千佳ちゃんに聞けば間違いないかな。アナウンサー歴は私が先輩だけど、千佳先輩ってかんじ(笑)頼りになります!

平野裕加里

yukari hirano

アナウンサー

FILE. 11

\ chika's voice /

ゆかさんは私がCBCアナとして入社した時、3年目の先輩アナでした。当時から超売れっ子で目玉番組のメインにリポーターにと引っ張りだこでした。社内カメラマンからは「裕加里は本当に勘が良くて、俺たちの動いて欲しいようにレポートしてくれる。やりやすいんだよな～。お前もああなりなさい! 」と言われた事は未だに記憶に新しいのです。しかし、憧れの先輩はさっさと3年で局アナを辞めてフリーに。もっと教えてもらいたかったなと、思っていた平成も20年を過ぎた頃、またゆかさんと交流できる日がいきなり訪れて(笑)。最近では、ゆかさんが私に色々とQを投げかけてくるんですが、その観点やフィーリングがあまりに似ていて笑えてくるほどです! これが“同じ釜の飯を食べた仲間”というものなのかしら? これからもゆかさんはず～っと私の先輩ですからね(笑)

chika's voice

「マリコさん、会って〜。すっかり話が山積みなの!」。いや〜さすがですわ。その台詞がそろそろ喉まで出かかっていた夏の一日でした(笑)。私の神様であり和尚であり牧師であり伝道師であるマリコさんには、ここ10年以上に亘り重くて激しい悩み事を沢山ぶつけてきました(勝手に)。恐らく家族以外で私の秘密の話を一番良くご存じの方。美味しい手料理に癒され、泣かせてもらい、すっかり元気になってマリコ庵(あまりに料理が美味しいのでこう呼びます)を後にする…この定番これからもずっと続きそうですけど、姉さんよろしくね。

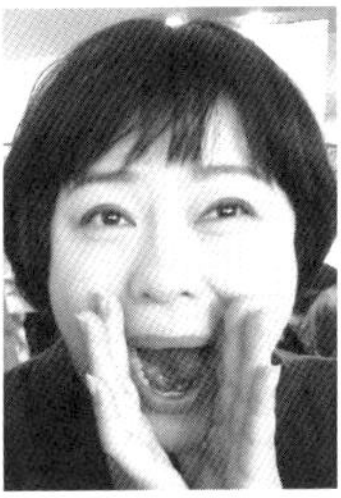

FILE. 12

近藤マリコ

mariko kondo

コピーライター

年に4回やってくる 千佳節の機関銃トーク

困った時の神頼みという言葉がある。無宗教と言ってる人に限って、お願い神さま助けて…なんて言っている。神さまというのは忙しいものだ、お気の毒。さて、加藤千佳さんはいつの日からか友人である。と言っても、実際に会うのはせいぜい1年に4回程度。春夏秋冬に一度くらいの頻度で、彼女が我が家に訪ねてくれるのだ。ただし、その内容はフツウの女子会とはまったく異なる。食事とワインを楽しむところまではフツウなのだけど、他人に聞かせられないほど重い話を機関銃のようにしゃべり続けるところは、とてもフツウとは言えない。まぁ、簡単に言うと、恋や仕事や人間関係に悩みを抱えている時に彼女は我が家にやって来るのだ。歯に衣着せずに喋るドSの私に、時に涙を浮かべながら頷くMの千佳さん、という図式がこの10年ですっかり出来上がってしまった。本人いわく、困った時のマリコ頼みだと。もちろん私は神でもなければ(もし神だったなら私の人生は成功しているはず)、和尚でも牧師でもないので、的確なアドバイスなどまったく出来ていない。それどころか、よく考えたら相談事など最初から存在しないのかもしれないと、思うことがある。千佳さんの来訪は、動物的勘を持つ彼女の四季の挨拶周りなのかも。そういえば前回会ったのは春だった。「マリコさん、会って。すっかり話が溜まっちゃったの」そんなメールが、そろそろ届くはずである。

FILE. 13

原田さとみ

satomi harada

タレント ／ エシカル・ペネロープ株式会社 代表取締役
フェアトレード&エシカル・ファッションのセレクトショップ
「エシカル・ペネロープ TV TOWER」経営
国際協力機構JICA中部オフィシャル・サポーター
フェアトレードタウンなごや推進委員会代表

＼chika's voice／

そう、さとみちゃんとの出会いは私がまだ駆け出しの新人アナの頃、お互い20代という素敵すぎたバブルの時代。好景気に生まれた楽しいだけの番組でした（笑）。当時モデルでタレントのさとみちゃんは私から見たらお星さまのような女性。その後、単身パリ留学、ショップ開店、子育て、そして今ではエシカル・コーディネーターとして努力を惜しまず動きまくる! 決して驕らない、誰からも好かれる、いくつになっても年齢不詳なその姿にいつもpowerを与えてもらっている、大切な友人のひとりです。

近くでいつも支えてくれる私の応援団長

千佳ちゃんとは、CBCラジオの番組でご一緒させていただいたのが最初かな。CBCアナウンサーだった千佳ちゃんとつボイノリオさんが司会で、チークの松岡さん（現在のMID-FM局長）とモデルの私がクイズの回答者という設定。遊んでるみたいな番組で楽しかったね〜。好きなこと言ってたね。当時はバブリーな時代だったので、プロデューサーさんに毎週おいしいところに連れて行ってもらったり、面白い時代でしたよね。その後私は、タレントの道をそのまま進まずに、パリへ留学し、ファッションの世界へ。名古屋に帰りお店を持ち、その時も千佳ちゃんはすぐに私のお店にひとりでふらりと来てくれて、お店のお洋服を気に入ってくれて、応援してくれた。そんな気さくな優しさが千佳ちゃんの魅力。頑張っている人をさらりとサポートし、成功すると一緒に喜んでくれる。千佳ちゃんはそんなポジティブでチャーミングな女性。その後現在の、テレビ塔のお店を私がオープンさせたときも駆けつけてくれたり、毎年開催しているフェアトレード・デーのイベントにも必ず応援に来てくれて、私が頑張っていることを自分のことのように楽しく温かく盛り上げてくれる。そんな千佳ちゃんの気持ちや行動がうれしくて、私のパワーになっています。自由で爽快で、でも堅実で細やかな千佳嬢は、とってもバランスのとれたチャーミングなお嬢さま。千佳ちゃん、これからももっともっと色々お話ししたいね! 末永くよろしくです!!

人を思う気持ちに溢れた“愛情”の持ち主

聡明で軽快。彼女の事を一言で表すならばこの言葉が適切ではないだろうか。少なくとも私はそう思っている。彼女の魅力はまずその会話力である。2人で話しをしていても、多人数で話しをしていても、また相手がどんなVIPでも、超個性的な人々でも彼女がいるだけでその場は盛り上がり、誰もが楽しくなる。彼女が人の心を察して上手くリードするからだ。誰も退屈にさせる事はない。彼女は元アナウンサー、いわば喋りのプロだ。しかし技術だけではない。愛がある。相手に興味を持ち、その相手の魅力を見つけ、適切な言葉とタイミングによってリラックスさせその人の本質を引き出す。そして人と人を結びつける。いわば人間のコーディネーターである。TPOを選ばず彼女さえいれば皆が楽しくなる。そんな彼女の魅力に取り憑かれた私も、多くのファンのひとりである事は云うまでもない。

上井克輔

katsusuke uwai

フランス料理 壺中天
ワインバー　ラ フェット
オーナーシェフ

FILE.14

Chika's voice

名古屋を代表するフレンチの料理人。初めて会ったのは、『壺中天』が今の場所に移転する前、名古屋で一番キノコを美味しく食べさせてくれる店ということでお連れ頂いたとき。その外見とはちょっとイメージの違う柔らかい口調と、楽しそうに話す姿に好感が持てました。その後、同い年ということも判明し一緒に食事したり飲んだりするようにもなったんですよね! 最近は呼び出すとジムで走っていることが多い…どうも「走る調理人」を目指しているらしい(笑)。彼の産みだすキノコ料理もジビエももちろん美味なのですが、「雪のデザート」という繊細でフワッとしたデセールが大好物。上井くんの優しさがいっぱい詰まった一皿に思えるのです。上井くんの人間的魅力と料理に取り憑かれたファンのひとりより♪

パワフルな時間を共にする彼女は
趣味を共有できる永遠の仲間

うちのホームパーティーの一番の常連(ほぼ皆勤!)、ワイン仲間、マラソン仲間、辛いもの好き仲間、そして香港LOVE仲間。お互い同じ時期にマラソンに目覚めて、2人で本格的なレースデビューしたのが2011年の香港ハーフマラソン。以降、千佳さんとは全国津々浦々あちこちのマラソン大会をご一緒させて頂いています。レースの前夜祭、他のランナーが翌日に備えて早々に切り上げていくのを尻目に2件目、3件目とワインバーをハシゴし、いつも最後は酔っぱらいの我等2人だけになっちゃうんだよね。それでも千佳さん、翌朝はしゃきっと起きて、レースも結構いいタイムで走ってしまうところが素晴らしい。走った後は温泉で汗を流し(これがまた女性とは思えないくらい入浴時間が速い!)、生ビールとともに丼の表面が真っ赤で中が見えないくらい一味をかけたカレーうどんで締め。その後、名古屋に戻ってそれぞれ夜の街に繰り出す、そんななパワフルな週末を共にしてお互いにエナジーチャージしております。千佳さん、これからも大いに走って大いに飲んでエネルギッシュにいきましょうね。

志津直行

naoyuki shizu

藤田保健衛生大学整形外科
講師/脊椎脊髄外科指導医

FILE. 15

Chika's voice

はい! 先生! 皆勤賞、ありがとうございます。志津家の皆々様には大変お世話になっております。しかしこれだけ、恋人でもないのに良く一緒にいますよね、私たち(笑)。先生のおかげで、マラソン、ビオワイン、器、香辛料、香味野菜、電車の旅、料理本、ジビエ等々…ハマリ込む事もできました。マラソンは同時に始めたのにあっという間に先生はサブ4。最近ではゴールでビールを2杯ほど飲みつつ待って頂いていてありがとうでございます。恒例香港マラソンも美味し過ぎる朝粥も楽しみ♪ これからも恐らく一生涯、ご夫婦のお傍に背後霊のようにくっついて回ると思いますが、どうぞ末永くよろしくお願いします!

Chika's voice

私にとってのハナちゃんは、アロハスピリッツを持ったマーメイド（笑）。午前4時の局のメイクルームほど、淋しい場所はないでしょう。ハナちゃんと会うのが楽しみだった、日曜の早朝。あれから20年近い我々の歴史の中で、お互い色々な出来事があったね。いつも明るく微笑むハナちゃんは、少し目を離すと気遣いし過ぎてしまうので、本当はいつも見守っていたい人。そして私が一番輝ける道筋を考えていてくれる人。今では、秘密の飲み屋で一緒に男呑みするのが何より楽しみ♪ 次のデート、いつにする？

真渓ハナ

hana shintani

タレント

FILE.
16

舞い降りたお姫様は いつも笑顔を運んでくれる

千佳さんとの出会いは15年前、CBCのメイクルーム。早朝の番組に出演していた私は、ひとり心細くメイクをしていました。そこへ「おっはよ～♪ 」と陽気に入って来たのが、千佳さんでした。淋しい化粧室に突然大きな花束が届いたようでした。毎週、仕度をしながら短い談笑を交わし、出会って間もなく2人で食事に出かけました。正直、駆け出しの私なんかに何故こんなに優しくしてくれるのかとても不思議でした。損得関係なく接してくれる千佳さんは本当に温かい存在で、いつも沢山の人に愛されていますが、光と影、華やかなライフスタイルに嫉妬する人もいるようです。ある時、珍しく落ち込んでいました。かける言葉を見つけられずにいると、そんな私を察してすぐに気持ちを切り替えてくれました。さらに、陰口を言う人たちについて一切悪く言ったりしませんでした。この時、私は千佳さんのことが大好きになり、真のお嬢様としての品格を見たように感じました。自由奔放な千佳さんに、時折ハラハラすることもありますが、どんな時も美しさや楽しさを優先するスタイルはとても魅力的です。これからも小さな枠に閉じ込められることなく輝き続けてほしい。私にとっての千佳さんは、笑顔を届けに舞い降りてくれたお姫様です。

原 志保

shiho hara

株式会社ルルボーテ
代表取締役

FILE.17

chika's voice

『は〜い先生、なるべく頑張りま〜す!!! 』。お肌、メーク、生活スタイルについては、私は彼女の事を「先生」と呼ばざるを得ませんね。どう見ても美しい志保ちゃんは私のカテゴリーにはいなかった人で、「酉の会」に呼んでも普通にお喋りできるのかな? と思っていました。そうしたら当のご本人さん、天然すぎるオモシロ姉ちゃんですっかり意気投合。自分撮りはプロ並み(あ、プロのモデルだった)。お仕事で組む時も阿吽の呼吸でトークを進めて行けるのでやりやすい! 私を叱ってくれる大切な酉仲間です。

毎日ハッピーでいることが彼女にとっての美容効果

私と千佳ちゃんが、初めて会ったのは共通の友人との会食の席。その時は、時間があまりなくご挨拶程度でした。ちゃんと話すようになったのは、千佳ちゃんが会長を務める「酉の会」という酉年生まれが集う会に参加するようになってから。とにかくよく飲む、よく話す女性という印象でした。その後は、プライベートでも遊んだり、一緒にトークショーをしたり、公私ともに仲良くさせてもらっています。とにかく交友関係が広い千佳ちゃんは、毎晩のように飲み歩き、遊び人のようですが、私から見たらとっても純粋で可愛らしい女性です。いろんな話しの中で、普通に感心したり、感動したり、素直に耳を傾けてくれます。ただひとつ、どうしても聞き入れてくれないことがあって、とても困っています。それは、酔っ払って帰ってきても化粧を落とさないで寝る事! これだけは、何度言っても聞いてくれません。毎回、会うたびに「化粧、2日間落としてなぁ〜い」と美容家の私を刺激します。「でもお肌、結構きれいでしょ〜、触ってみて〜」と自慢してきます。それが確かにキレイだから、しわくちゃにならない限りこの人は無理なんだと、最近説教するのを諦めました(笑)。そんなことより、いつも元気でハッピーでやりたいことやってるからキレイでいられるんでしょうね。「でも、化粧はちゃんと落として寝てよねー!!! 」

地味な印象から辿り着いた先は華やかでコシがある女性

千佳さんは、同い年で家がうちの稽古場に近いので、馴染みの店が同じだったり、共有する景色はいっぱいあるんですが、お知り合いになったのは3年ほど前なんですよね。ラジオで会った時はすごく地味というか、真面目でクセを感じさせなくて、むしろ地味? な印象だったんですが、世間で“加藤千佳さんと会ったよ”というと“お嬢様でしょう! ”“怖いものなしよ! ”とかいう反応で、実際にプライベートでも会うようになったら、まんざらそのウワサはウソでもなかったですね(笑)。めちゃめちゃ明るいし元気だし、ゴルフもマラソンもやるし…イメージは蛍光色! 発光している印象。そんな彼女が、うちで開発した和のフィットネス「NOSS(ノス)」のインストラクターになりたい、と聞いた時は冗談だと思ったんですけどね、「NOSS」はおとなしすぎると思って…。でもついにインストラクターにもなっちゃって、有言実行なんですね。そういう意味では、強気キャラって継続するのは大変ですよね。相当な意志力があるのだと思います。毎日走るとか、毎日遊ぶとか(遊んでないかもしれないけど)、継続って意外と地味なんで、結局最初の印象は、その地道な本性が出しているのかも知れないですね。これからも末永くお付き合いしてください!

西川千雅

kazumasa nishikawa

西川流 日本舞踊家

FILE.
18

\ *chika's voice* /

わわ! 千雅さん。その台詞、そのままお返しします! 西川流のお家元に産まれて、お稽古とお作法と三味線に囲まれてお育ちになり、次元の違う世界の方だと思っていたある日、武将隊のプロデューサーとしてラジオのゲストに。“さすが物腰が柔らかく大人しくて高貴な方だなぁ”と、話していたら同い年。早速「酉の会」入会決定! その後色々とご縁があり、西川流の「NOSS」に触れる事に。千雅さんはお喋り上手で、「NOSS」のインストラクターの講義では話が面白すぎて講義の内容が頭に入らないほど(笑)。長いお付き合いになりそうです。でも、喋りでは絶対に負けないからねっ!

自分の道をしっかりと持つ
彼女は私の憧れです

チカさんはとにかく明るくってパワフル美人！ いつも頭の中がクルクル高速回転していておもしろい、私の数少ない友人であり大好きな先輩です。出会いは10年以上前のこと。チカさんの出演するラジオ番組からケーキのご注文をもらったことがきっかけ。職人でマイペースな私とはまったく正反対のタイプなのに、お互い好奇心の塊なので物事をポジティブに捉えて、あまり後ろを振り返らないことや、周囲を振り回し気味なところが似ているのかも?! 話すスピードが私の3倍速位なので、一度頭の中をのぞいてみたいですね。隣にいたと思ったらもうどこかへ消えている、どこへワープしたのだろうか…。一緒にお仕事する時は本当に楽しく、私のイベントをPRしすぎなくらい盛り上げてくれて、やっぱりプロだなぁと感心。華やかなチカ先輩ですが、パティスリーフェアのイベントでは忙しくフラフラになっている私を見て、お手伝いしてくれる優しい一面も実はあるんですよ。自分の役割を十分理解して、アナウンサーとしての道をしっかりと歩み続ける強い意志、ピュアな優しさを纏ってフワーとした微笑みが天使のよう。本当に魅惑的な、まさにフェミニンな大人の女性ですね。応援しています!!

FILE.
19

田中千尋

chihiro tanaka

CAFÉ TANAKA
シェフパティシエ

Chika's voice

大切な後輩、千尋ちゃん。『カフェタナカ』の名パティシエール。どんな時もいつもマイペース。キャピキャピとかルンルン（古っ！）と言った言葉が似合わない女性。50周年を迎えるお父様の時代からの喫茶店の鉄板ナポリタンも、千尋ちゃんの作る夢のように美しいスイーツも、どれも田中家の歴史。活躍している後輩と一緒に仕事が出来るのも我々アナウンサーの楽しみのひとつで、そういう場面でも良く一緒になります♪ 宣伝隊長としても頑張るから…携帯電話なんて上手く使えなくていい(笑)。これからももっともっと羽ばたいてね!

Chika's voice

花の同期のタロウちゃん。入社当時の粋がって尖っていたあの頃ではなく、お互いユルく柔らかくなった今になって親しくなれたのも、神のお導きだと思ってるよ! ニューズウィークに赤いバラで再会した焼き鳥屋さんから、今では食の好みも意気投合。マラソンもお笑いもゴルフも仕事もワインもオカマカラオケも唐揚げもカレーも天むすも(ラーメンはまだあなたの世界が理解できないけど)、これからもどうぞご一緒に。巫女でランナーでアンチエイジングサプリで同期の大親友のオバハンですが、「ラーメン太郎」openまで、そしてその後もどうぞ宜しくね!

FILE.20

竹田太郎

taro takeda

東海テレビ放送株式会社
事業開発部長

良き理解者であり 僕の心のサプリメント

まだバブルの残り香がただよっていた平成3年、千佳ちゃんはCBCに、僕は東海テレビに入社しました。いわゆる業界同期です。業界同期といいながら、特に仲良しになったのはここ3〜4年のこと。今では男女の仲を超えた大、大、大親友です。僕は「千佳ちゃんのご宣託」と呼んでいるのですが、プライベートやビジネス両面にわたる相談事をちょくちょく聞いてもらい、アドバイスをもらってます。そのアドバイスがまた的確で…。千佳ちゃんは僕にとっての巫女さんですね。千佳ちゃんに連なる面白い人やコトが、千佳ちゃんの内部で咀嚼されて、その時に一番ふさわしい解決策がアウトプットされるというね。巫女であるとともに、ランナーでもある千佳ちゃん。フルマラソン歴は僕のほうが長いのですが、今はもう千佳ちゃんにかないません。那覇マラソンに一緒に参加したときも、レース前日、僕は夜11時ごろで引き上げたのに対し、千佳ちゃんは深夜2時までガッツリ飲んだうえで、僕をぶっちぎってゴールしてましたから。こんなスーパータフネスな千佳ちゃんというお手本がいるおかげで、僕は今年46歳になるオッサンですが老け込まずにいられます。千佳ちゃんという存在が、僕にとって最高のアンチエイジングサプリメントになってます。「あかひげ薬局」には当分お世話にならずにすみそうです。

これからもいろんな時間を共有したい
フランクな先輩

コンサバなご家庭で生まれ育っていながら自立した女性を目指し、一流の女性誰もが憧れる職業に就きキャリアを積み重ねるという、名古屋では珍しいキャラクターの千佳さん。そんな地位にありながらいつも笑顔で、とっても素直かつフランクな人柄であり、そして意欲旺盛な女性。自分自身の損得を考えず人と人を結びつけ、周りの皆が“HAPPY”になることをいつも願っている、ステキな先輩です。

FILE.21

都筑多佳恵

takae tsuzuki

ティースタイル株式会社
代表取締役社長
株式会社ティースタイルマネージメント
代表取締役社長
ミス・ユニバース・ジャパン東京大会 愛知大会主宰

chika's voice

高校1年で前代未聞の生徒会に立候補。我が母校もやるな!! ツヅキタカエは名古屋のブランドですからね。物怖じすることなく、いつもパワフル、最前線。男兄弟の中で長女として生きてきた多佳恵ちゃんは、男勝りの気配り上手。しかもお料理の腕はプロ級でおもてなし上手のムードメーカー。最初の出会いは母校の学内でも飲み屋でもなく、多佳恵ちゃんのお父様からの紹介で、「うちの娘は君の後輩なんだ。よろしく頼むよ!」と何と家族ディナーに招待されたところから始まりました。お父上を華麗に扱い、食に詳しく会話好きな彼女とは、直ぐにプライベートでも仲良くなりました。何処にいても（例え遠くでも）「せんぱ〜い!」と楽しそうに駆け寄って来てくれる。そんな可愛らしい所も好き。いつも新しい事にチャレンジし続ける姿に刺激ももらっています! これからも、オフの場でまたいつものように、ぶっちゃけ女子トークしながら酔い潰れよ〜ね。

FILE.22

森 千夏

chinatsu mori

MORRIS
オーナーソムリエール

Chika's voice

普段から「妹の千夏です」と紹介しているので、稀にずっと信じていらっしゃる方も(笑)。10年ちょっと前にワイン好きが高じて通ったソムリエスクールで、学校の後輩である千夏ちゃんと再会。そこから、野菜ソムリエ講座や数回に亘るイタリアワイナリーツアー、ワイン会やイベントの企画…と、いつも一緒に勉強したり飲んだり食べたり騒いだり悩みを相談し合ったりする仲に。そうそう、一度は相当大きな喧嘩もしたよね(笑)。周りに気遣いし過ぎてグッタリしている所も愛おしい。辛いとき何も聞かずに泣かせてくれる。そんな千夏の店『モリス』に多い時には週3回ほど顔を出す。そう、ホームです! 私好みのワインを揃えてくれている此処は最高に心地好い。親友として妹として、これからも運命共同体。よろしくね!

いつでも駆けつけてくれる 優しさに包まれたマドンナ

私にとっての加藤千佳さん＝ズバリ運命共同体です!! 私の名前は千夏(チナツ)ですが、音読みすれば「チカ」。運命を感じています。性格は真逆ですが、ピュアで天真爛漫なところは育った環境(中・高・大)が一緒なので似ているかもしれません。千佳さんは学生時代から有名人。「超お嬢様で美人!」と評判で、存在は知っていましたが、親しくなったのは社会人になってから。お互いに大好きなワインの教室で一緒になって以来今日まで、「親友」として仲良くお付き合いしています。千佳さんのおかげで、人生がより楽しく豊かなものになりました。思いやりは人一倍。誕生日やお店の周年には真っ先に「おめでとう。身体に気を付けて頑張ってね」とお祝いに駆け付けてくれます。ヴォジョレー・ヌーボー・パーティーでは司会を買ってでてくれ、時間がなく打ち合わせがあまりできていないなかでも、即興でこなし、皆を笑顔にさせてくれました。私が体調を崩したり、元気のない時には「大丈夫? 」と誰よりも心配してくれます。ご両親に愛され、妹さんに慕われここまで歩んでこられたので、とても情が深く、真っ直ぐで計算のないところが千佳さんの最大の魅力です。だからこそ、自然と周りに多くの人たちが集まってくるのだと思います。みんなを明るく照らしてくれる聖母のような存在です。これからもずっと側に居させてくださいね。

松井敬道

tadamichi matsui

有限会社genge豆家グループ
代表取締役

FILE.23

chika's voice

先輩と呼ばれると何処か面映ゆい気もしますが、イケメンなのにそれを鼻にかけず意外に3枚目。出しゃばることもなく、それでいて絶対的な存在感を持つ稀有な存在。それが松井くん。ミュージシャンを目指していたという歌の腕前は想像以上で、松井くんの喉に限界がなく仕事が休みだったりするのなら、一日中でもミスチル歌って欲しい。周囲の評判によると、豆家グループの従業員さん達への社員教育とホスピタリティは群を抜くとのこと。新しい業態に次々チャレンジして、料理も畑仕事も（夜の酒場も?）お手の物。器用なんだろうな～。あ、それと何度も言いますが、松井くんの所のカレーうどんは私の大好物♥ また新しい味の提案してもいい?

グルメ通の千佳さん公認の”カレーうどん“があるんです

私は中部地区を中心に飲食店・物販店を展開している会社を経営しております。千佳さんは弊社のお店のお客様でもあり、また千佳さんのラジオ番組にも出演させて頂いたり、色々な場所でお世話になっております。いつもアグレッシブに動き、人の事を元気にしようという思いには脱帽です。私よりも少しお姉さんですが、走ったり、自転車こいだり、仕事したり、不休でよく身体がもつなぁと不思議でしかたありません。また超がつく程のグルメで食に対して（当然お酒もですが）の知識もものすごく豊富で、いつも勉強させられます。実は“カレーうどん”が好物で、ウチのうどん業態の店の名物カレーうどんにも、味の工夫のヒントをもらった事もありました。見た目とのギャップがはげしいですが、男前の千佳さん、今後ともよろしくお願い致します。心より尊敬する先輩のひとりです。応援してます!!

どこに潜めているんだろう そのタフさは圧巻

千佳さんのことを知らない人は名古屋にはいないんじゃないかって思います。お会いする前はちょっと近寄りがたい人なのかなーと思ってましたが、今では本当のお姉ちゃん(いや、たまに妹…笑)みたいな存在です。とにかくタフで元気。千佳さんの周りはいつも楽しいことでいっぱいです。そして、いくつになっても、女の子の気持ちを失わないかわいいレアキャラです。千佳さんほど、人生を楽しもうと貪欲に生きている人はなかなかいない。私が代表理事を務める、一般社団法人体力メンテナンス協会のバランスボールインストラクターの資格も取ってしまったほどです。どんなに仕事で疲れても、ちゃんと朝まで飲めちゃうし、翌日マラソンだってできちゃうくらいのそんなタフさ。現代の体力不足な皆さんは見習うべきでしょう。

朴玲奈

reina park

一般社団法人体力メンテナンス協会代表理事
スタジオレイナパーク代表

FILE.24

Chika's voice

お姉さんか妹か…それが分からなくなるほど、玲奈という女性は私の心の奥底に入ってきてくれる人なのです。ある朝電話がかかってきました。「千佳さん、泣いてない? 辛い事あったんじゃない? 玲奈の夢に泣いてる千佳さんが出てきたよ」と。そうなんです! その前日とても辛いことがあり一晩中泣いていたのです。圧倒的な優しさと得体の知れない感知能力を持った人。スーパーポジティブで聞き上手、でもちょっといい加減(この辺りがどうも似ている!)。時間さえあれば必ず何処でも駆けつけてくれる。ただ最近は忙し過ぎてなかなか一緒にいられないね。仕事ではバランスボールとNOSSのインストラクターを一緒に取得しているので共有時間は多い筈なんだけど…それでもまだ足りないと感じるのは私が贅沢なのでしょうね(笑)

\ chika's voice /

先生は…あ、先生と呼ぶと「止めて下さいよ〜」とおっしゃるのですが、私にとってみたらパンコーディネーター講座の先生であり、パンに関しての知識と飽くなき探求心にいつも頭が下がる方。特に先生がパンを食べる姿がとても可愛らしく、こんな風に愛情を持ってパンを食べられるって素敵、と思うのです。パン取材や執筆で困った時は直ぐに相談に乗って下さいます。可愛らしい外見からは想像もつかないほどアクティブで聡明な女性。いつまでも私の先生でいて下さいね!

稲垣智子

tomoko inagaki

JPCA（一般社団法人
日本パンコーディネーター協会）代表

FILE.25

一緒にパンの話を始めたら誰も止められません

千佳さんと初めてお会いしたのは、パンコーディネーターになるための勉強をする講座会場でした。パンに対する探究心と愛情が人一倍強く、持ち前の明るさと華やかさで、周囲のみなさんを巻き込んでいらしたのを今でもよく覚えています。パンコーディネーターの資格取得後も、精力的にパンの楽しみを広く発信しておられる千佳さんとは、普段の何気ないパン情報メールのやりとりをはじめ、ラジオ番組でも数回ご一緒させていただいたことがあります。なかでも、月刊Cheekのパン特集が出版されたタイミングでゲスト出演させていただいたラジオ番組では、持ち時間いっぱい2人でパントークをして、それでもなかなかパンの話が尽きず、とにかく楽しく、あっという間に時間が過ぎたのをよく覚えています。思えば、千佳さんのパワーに自然に引き出してもらったのだと思います。パンの魅力や楽しみを“伝える”ことにおいて、とても貴重な経験をさせていただきました!

優れた才能と幸運を持ち合わせた魅力的な魔女

年上なのに会うとギュッと抱きしめたくなる。何か不思議な魅力の持ち主なんですよね。何でも話せるファミリー的存在なんです。ちかちゃんに引き付けられる魅力を言葉で表そうと考えるも、天真爛漫・古今無双・多芸多才・英姿颯爽…ん〜、とにかく色々思い浮かぶけどまとめると…持ってる(笑)。ゴルフでは池に入るかと思いきや、水面をボールがスイスイ渡りグリーンへ。ウィメンズマラソンでは、1万3千人もいるのにちかちゃんの走っている姿が新聞に掲載。彼女の持ってる伝説はきっと本になるくらいある。とにかく持ってるんです。本当に(笑)。でもこれって彼女の能力あってこそだなと、いつも思う。そして仕事も遊びも全力! でもさらりとやりこなす姿は本当に凄い! そして相手に余計な気を使わせない心配り。とにかく、あらゆる才能を持ち合わせたド変態! うん。姉貴。とにかく尊敬してます♥

長濱琴恵

kotoe nagahama

グランデインターナショナル株式会社
代表取締役

FILE.26

chika's voice

外国人のような彫の深い美人顔。外観に負けず性質も日本人離れしていて(笑)、いつもポジティブで自由主義。何でも独りで出来てしまう男勝りの琴恵。でもどこか心配でそっと見ているつもりが思わず口を出してしまう。いつも一緒にいてくれてありがとうね! 初詣や厄除けのお詣り、ゴルフやスパ巡りをメインとした海外旅行、ワイン会やゴルフコンペ…本当にいつも一緒です。ホノルルマラソンやウィメンズマラソンといったフルマラソンだって、私と同じくトレーニングもしませんが(笑)しっかり走り抜く…芯の強さを垣間見ます! “ド変態でハチャメチャな”私の身体のメンテナンスも含めてこれからもよろしくね!

加藤弘康

hiroyasu kato

株式会社 ブルームダイニングサービス
代表取締役

FILE.27

Chika's voice

世界に羽ばたく加藤くん。飛ぶ鳥を落としてお店の目玉にしちゃうんですもの! 酉年の私に「チキン」で挑んでくるそのパワーに最初からすっかり“酉こ(虜)”になりました(笑)。いつも腰が低く、でもリアクションは大きく! 会社設立7年で間もなく23店舗目を出すというその勢いは、全く“チキン”ではないんですけどね〜。どんな事も真っ直ぐ捉え真摯に聞いてくれる…大社長として慕われる人格はコレなんですね。若い世代の飲食リーダーとしての活躍、期待してます!!

千佳さんとの出会いそのものが僕にとっては宝物です

千佳さんに出会わなければ交わることのなかった著名人な方達との交流は、僕にとって財産とも言える出来事です。出会いは、「がブリチキン。名駅西口店」のOPENの際にHY会で予約を頂いていたことがきっかけでした。もっとお店のことを知りたいと、千佳さんが番組を務めているMID-FMに一度ご一緒させて頂きましたが、仕事のデキル女!!って感じでめちゃくちゃカッコよかったです。初めからとてもフレンドリーに話しかけていただき、弟のように接してくれる千佳さんには、色々なお店にも連れていってもらい勉強させてもらっています。超グルメな千佳さんの知識は、業界で働く僕よりもはるかに豊富でびっくりさせられました。グルメ本やインターネットでお店を探すより、“加藤千佳に電話しろ! ”と言っても過言ではないほど、プロ顔負けのレベルです。プライベートでは、何度かゴルフに一緒に行かせてもらってますが、とにかく楽しい! いつも周りを元気にしてくれる方です。とにかくアクティブ! パワフル! なんであんなに体力あるの?(笑) 酔っ払うと乙女な一面が出るのも♥(笑)。いつまでも美しく、優しく、元気な千佳さんでいてください! これからもゴルフに食事と仲良くしてください! カッコイイ女日本代表を守り続けてください(笑)

鳥も驚く 千佳さんの酉パワー

同じ干支の「酉年」というご縁で親しくさせて頂いてます。皆で食事行ったり、ゴルフ行ったりと千佳さんのパワーにはいつも圧巻!! 僕は仕事上、出勤時間が早朝な為、夜遅くまでのお付き合いは中々できないけど、千佳さんの気配りと盛り上げ役に徹する姿を見て、素晴らしい女性だと思います。「ワインを飲んで、美味しいー! 」と千佳さん。最近はMid nightを過ぎると、人間らしく夢の世界を行ったり来たり(笑)。そんな千佳さんに気を遣わず、いつも失礼をしてしまう僕に、いつも優しく接してくれるお姉様に感謝です☆これからも美味しいお店情報と精密機械のようなゴルフのアプローチ、楽しみにしてます! ただし、お酒は二次会までですよ(笑)

中島健一朗

kenichiro nakashima

納屋橋饅頭万松庵

FILE.28

Chika's voice

健ちゃん、「酉の会」専務としていつも色々と段取りのお手伝いもありがとうね! 「納屋橋饅頭万松庵」5代目として東奔西走する姿をいつも応援しています。老舗和菓子屋さんの担い手としての立場の健ちゃんだけど、海外生活やマスコミ業界での日々も長かったゆえ日本人離れしたセンスやユーモアも持ち合わせていて、たまにあっと驚かされます。最近は時計の針がてっぺんに近付く頃にはいつの間にか消えているのも、また新たな新商品開発のためのエネルギー補充の時間なんだと理解してるからね(笑)。 姉さんは美味しい新商品の試食を、そして酉ゴルフ部もいつもあなたを待っています。これからも末永いお付き合いをよろしくね!

名古屋の〝松田聖子〟と言っても過言ではない
アイドル的存在

私が初めてお会いしたのは、弊社代表松永英隆の紹介でした。「名古屋で面白い姉さんがいるから」というだけで、千佳さんの情報はまったく聞かされずお会いしました。夜11時を回り、私たちが程良く酔っ払ってきたころに千佳さんが登場! またその千佳さんもやや酔っ払っていました。共通の知人の話も飛び出し、初対面ながら気さくにお話が出来ました。気さくで、豪快で、少女のような振る舞いで、時よりおっさんで、大先輩ながらとにかく可愛い千佳さんが私の前にはいました。いつも明るく、お会いする度に千佳さんから元気をもらえます。特に、千佳さんとカラオケに行った時…千佳さんの18番、松田聖子を歌った時は最高です! かなりのパワーをもらえます。もしかしたら歩く名古屋のパワースポットなのかも!

後藤範子

noriko goto

株式会社ホーボーズ
TVディレクター・タレントマネージメント

FILE.29

chika's voice

じゃあ私は、無理してパワースポット巡りしなくていいのね(笑)。彼女の会社社長の松永英隆さんは、私がまだ本当に新人アナの頃、当時は彼も駆け出しの放送作家さんで、私が局の泊まり勤務で芸人のココリコさんの前でニュースを読んだある深夜、「あなた面白いね〜」と声をかけてくれました。そこから人気芸人さんや人気タレントさんを次々紹介してくれて、私の人脈も広がりました。私が悩むときいつも傍にいてくれて、アドバイスやおバカ言って元気をくれたりもしました。云わば心の友です。今は売れっ子作家になりすぎて前ほど頻繁に会うことはできないのですが、その代わりに範ちゃんという可愛くて頭の回転の早いデキる女性を紹介してくれて…。以来、お仕事やお酒の場でも良くご一緒させてもらう素敵な妹です! これからも松永氏ともども宜しくお付き合い下さいね!

真優香

mayuka

イエローキャブプラス所属
タレント

FILE.30

Chika's voice

私の生徒さんでもあった真優香ちゃん。何年か前の4月に初めて講義室で顔を合わせた時、一際目立つ美しさと背の高さ、気品と自信を備え持った子だな、と思いましたね。授業の最初に必ず行っているフリートークで、真優香ちゃんはいつも他の生徒さんを圧倒するほど面白トークをしてくれて、クラス全体のムードメーカーとして良く笑わせてくれました。先日、また新しい自分らしく生きる道を見つけたとの嬉しい報告も受けました! 新天地でも持ち前の明るさとパワーで頑張ってね。

向日葵のような先生は私のヒーローです

千佳先生と初めてお会いしたのは、母校金城学院大学の「アナウンス技術論」という講義でした。同校卒業生、フリーのアナウンサーとして様々な媒体で活躍、女性らしくて華やか、でも気さくで明るくて可愛らしい人柄。そりゃあ生徒の憧れの的です! もちろん私も例に漏れず憧れていました。当時私は就職活動が終わるか終わらないかぐらいの頃で、アナウンサー職にも挑戦していた為、授業後に色々とアドバイスを頂きに行っていたのを覚えています。そんな私に面倒くさがらず付き合って下さり、落ち込んでいるときには励ましの言葉をくれて。また、東北地方太平洋沖地震が発生した時に有志で募金活動を行った際には、レギュラーのラジオ番組に呼んでくださり、告知をさせて頂いたりもしました。お話するといつも少し元気になれて、困っていたり力が必要だったりするときには絶対に何とかしようとしてくれて。周りの人にポジティブな気持ちと笑顔を与える事ができる、向日葵みたいな千佳先生。授業では、アナウンスの技術はもちろん、先生の生き方や言葉から「女性である事を楽しむ人生を送る素晴らしさ」も学ばせて頂いたなと思っています。私も"フェミニョンな女性"を目指したいと思います! 千佳先生、これからもご指導よろしくお願い致します♥

trip

party

work

sports

other

Chika's Diary
～フェミニョンへの道～

2009年のスタートより「月刊Cheek」にて連載中のコラム『"フェミニョン"への道』。
7月23日現在まで掲載された46回の中から選りすぐりをピックアップし、
その当時を思い返しながら加筆してもらいました。

data.

2009年 8月1日

ハレイワ地区

ハレイワと言えばこの看板が有名! お気に入りの写真です。

サーファーの聖地、オアフ島北部ノースショア。そんなノースショアの西に位置し、ゲートウエイともいえる小さな町・ハレイワは、世界中から多くのサーファーが集う街。中心部を貫くメインストリート沿いには、昔懐かしいノスタルジックな街並みが残り、街全体には素朴な雰囲気が漂っています。近代的なワイキキとは違ったヒストリカルタウン・ハレイワは、ドライブで必ず立ち寄りたいスポットです。

by Cheek 01

Chika's Comment

ハワイには、学生時代から数えてみれば20〜30回はお邪魔してるかな? ワイキキはどんどん変わって行くけど、ハレイワはいつ訪れても温かい。元祖アボガドバーガー「クア・アイナ」やハレイワ名物レインボーカラーのかき氷「マツモト・シェイブアイス」など、この街の味と雰囲気を味わってからカフクへ。無類の海老好きの私にノース名物「ジョバンニ」のガーリックシュリンプは最高のご褒美なのです(笑)。日焼けさえ気にならなければ、日がな一日ココにいたい!

□trip ☑party □work □sports □other

data.

2009年 8月30日

浴衣パーティー

2009年8月最後の日曜日、名古屋の財産"堀川"を渡る風を感じながらのラストサマー浴衣パーティー。まだ今年浴衣を着ていないという女性のために、このイベントを企画しました。この日のために浴衣を購入したゲストも！ イベントの目玉は、名古屋で人気のフラダンススクール『オリアロハ』の皆さんによる"フラ・ショー"。25名のダンサーが、熱く激しくそして優雅に…踊る! 踊る! また、現役大学生やCheek読者世代の方からは「すごくいい経験ができ、加藤さんをはじめ人生を楽しまれている年上の女性と出会えたこのご縁を、大切にしたいです」との声も。とても楽しい一夜になりました。

by Cheek 02

上／モデルの原志保ちゃんをはじめ友人達も浴衣やムームーを着て盛り上げてくれました。
下／金城学院大学の中田教授には乾杯のご挨拶を頂きました。

ショーのメインを飾ってくれた『オリアロハ』のみなさん。

Chika's Comment

夏の終わりの浴衣ナイト。去る夏を惜しみつつそれでも秋が待ち遠しい、そんなイベントを企画しました。女性が着ているだけでなく、最近は男性の浴衣も増えましたね。カッコ良く着こなしているメンズも街にチラホラ。男性にも、もっともっとオシャレしてほしいですね!

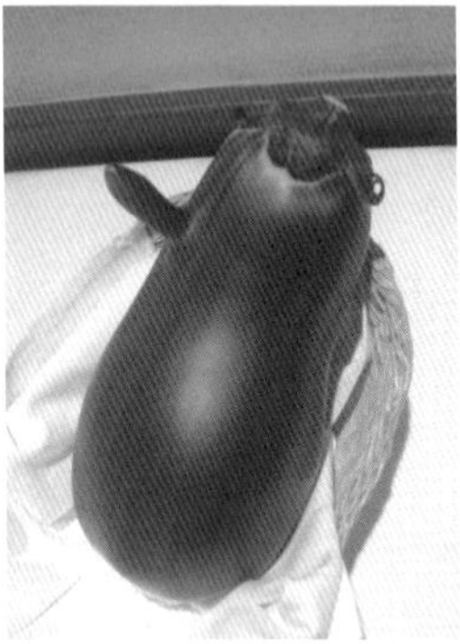

上／天狗ナスを持った安耶シェフと。
下／これが噂の「天狗ナス」!

『パティスリー ポタジエ』
東京都目黒区上目黒2-44-9
☎03-6279-7753
http://www.potager.co.jp/

data.

2009年 9月1日

美味しい“ベジスイーツ”の魅力に迫ります!

東京・中目黒にある野菜スイーツ専門店『パティスリー ポタジエ』さん。店名の“ポタジエ”は「家庭菜園」という意味です。“スイーツ”という分野で野菜を使った“ベジスイーツ”を確立し、野菜の可能性や素晴らしさを詰め込んだ美味しいケーキやジャム、焼き菓子を作っています。先日、オーナーシェフ・柿沢安耶さんが「名古屋PARCO」でトークショーを行いました。お店の商品の紹介や普段の家庭での食事に加えて、メロンのような食感でニョキっと天狗の鼻のような小さいナスが出ている、ちょっぴりお茶目なナス、奥三河の地野菜“天狗ナス”のお話も。ちなみにシェフは、もう10年以上も“ベジタリアン”だそう。健康的で「風邪もひかないし、口内炎もできませんよ!」と言いながら、日本国内を飛び回るような毎日なのに、羨ましいことですよね。

by Cheek 03

Chika's Comment

柿沢安耶さんは、アイドル並みに可愛いルックスを持ちながら、しかも実業家! 野菜ソムリエでもある私も、もちろん野菜もフルーツも大好き。肉も好きですけどね! 完全なベジタリアンになれば、安那さんのように美しくなれるのかしら?(笑)

☑trip □party □work □sports □other

左／趣のある歴史的建造物『マレーハウス』の前で。
中／ピリ辛のチキンソテーやシーフードカレー、フォーなどベトナム料理が勢揃い。
右／ヴィクトリアハーバーの夜景を一望できる、『フォーシーズンズホテル香港』の4階にある「龍景軒(ロンケイヒン)」。ふかひれや上海蟹などの高級食材を使った広東料理の最高峰。

data.

2009年 10月25日

サイゴン(ベトナム料理)

香港島の南に位置する欧米人にも人気のリゾート地・赤柱(スタンレー)にある『マレーハウス』の中にはたくさんの各国料理レストランがあります。中でもお気に入りのベトナム料理「サイゴン」では人気のテラス席がおすすめです。心地よい風に吹かれながら、まずはベトナムビールと生春巻きで乾杯!

by Cheek 06

Chika's Comment

家族が住む香港には、年に2度ほど訪れます。内緒のレストランもいくつかあるのですが(笑)、まずは名物を紹介。中環(セントラル)にある「ヨンキー」の"がちょうのロースト"は必食! ペニンシュラホテルの「嘉麟樓(スプリングムーン)」では飲茶も◎。香港一のオシャレナイトスポット蘭桂坊(ランカイフォン)近くのスペインバル「TAPEO」もお気に入り。高級な雰囲気を好む方には、マンダリンオリエンタル香港25階の「ピエール・ガニエール香港」を。ヴィクトリア湾と店内の照明が一体化してまるで宝石箱の中にいるよう。香港は中華はもちろん、フレンチもかなり美味しいですよ!

Chika's Comment

スイーツは全般的に好きですが、振り返ってみると幼い頃から和菓子に囲まれていましたね。どら焼きや水羊羹、草餅にお饅頭、お汁粉よりお善哉（粒あんが好き）、名古屋人ですから小倉トーストや小倉マーガリンのサンドロールも。アンコと黄な粉を牛乳で溶いたドリンクも毎日。和菓子大好き！ アンコ大好き！

data.

2009年 12月10日

お正月にぴったりの和菓子を召し上がれ

和菓子、特にアンコが大好きな私。迎春用の和菓子は年の始まりにも相応しい有難さも漂いますよね！ 多くの芸能人にも「わらび餅」が大人気の『京菓子司 芳光』さんのお正月のオススメは「花びら餅」。雪のように真っ白なお餅の中には味噌餡とゴボウが入っています。『御菓子所 山中』のお正月菓子のオススメは「嘉㐂」です。市田柿をそのまま刻んで餡に混ぜるだけという、シンプルだけど素材の旨みがぎっしり詰まったお菓子。日本という国の良さを再確認して、生菓子を求めるお客様も最近増えたそうですよ。

by Cheek 05

『御菓子所　山中』
名古屋市昭和区檀渓通3-14
檀渓アイリス1F
☎052-842-8896

『京菓子司　芳光』
名古屋市東区新出来1-9-1
☎052-931-4432

☐trip ☐party ☐work ☐sports ☑other

data.

2010年 2月1日

宗次ホール

名古屋市中区にある『宗次ホール』は、2006年に誕生した新しいタイプのコンサートホールです。「くらしの中にクラシック」をテーマに、クラシック音楽をより私達の身近なものに感じさせてくれるよう色々な配慮や心配りがされたホールです。1階席・2階席合わせて310席の客席とステージは限りなく近く、一体感を楽しめます。美しいピアノの旋律もソプラノ歌手の歌声も、間近で感じることができるのです。館内はどこもとても清潔でシンプル。居心地が良く、ついつい長居してしまいそう!

by Cheek 07

Chika's Comment

私も数年前、コラボコンサート「ハープとお喋りの七夕の夕べ」でステージに立たせて頂きました。CoCo壱番屋創業者である宗次徳二さんは、クラシック音楽への熱い思いをこうした素敵な形にされるのですから素晴らしい事です。出演者の楽屋にはト音記号の譜面台が置いてあったり、1つひとつにお花が飾られたお手洗いの洗面台もダウンライトで素敵です。そうそう、楽屋では「CoCo壱番屋」の出前をオーダーできるのですが、何処よりも早く持ってきて下さるとか!

左／夜になるとライトアップ。ガラス張りの窓がオシャレです。
右上／出演者の楽屋です。ト音記号の譜面が可愛らしいですよね。
右下／私が手をかけているのは、憧れの「スタインウェイ」。

左／超美人なのに、超オモシロイ宮田有紀先生。またまた同い年。酉パワーはスゴイです!
右／ベーグルを成形中。美味しくなるよう愛情込めてます!

data.

2010年 3月10日

パン教室

自家製天然酵母にこだわるパン教室『In Season』で、この日はみかん酵母を使ってベーグルを焼きました。パン好きなマダム、お喋り好きなマダム、食べることとお喋りと両方が好きなマダム…先生の周りにはいつも爆笑が絶えません!

by Cheek 09

Chika's Comment

パンコーディネーターとして、パン屋さんの取材・試食・レポート・執筆・宣伝などなど暇さえあればパン屋さん巡りをしておりますが、作ることより断然食べることの方が多い毎日(笑)。でも、楽しい雰囲気でワイワイ焼くパンには不思議と“愛情”というエッセンスが加わるようです。“変態”が付くほど酵母を愛する宮田先生が酵母に話しかけている姿には、殺気さえ感じます(先生ゴメンナサイっ!)。ベーグルは好きなパンのひとつ。直ぐに冷凍しておけば1か月ぐらいは美味しく食べられますよ!

□trip □party □work □sports ☑other

data.

2010年 3月20日

夏川りみさんコンサート

二胡奏者のチャンビンさんと一緒に夏川りみさんのコンサートに行ってきました。りみさんはお腹に新しい命を宿しながらの熱唱! ヒーリングとパワー、優しさをもらえるコンサートでした。りみさんはあれだけ迫力ある歌唱力を持ちながら、実際お会いすると沖縄弁が可愛らしくてとても愛らしい方ですよ!

by Cheek 09

中央がりみさん、左がチャンビンさん。背丈の違いが凄い!

能楽堂で行われる七夕コンサート。チャイナドレスでの司会にチャンビンも喜んでくれました。

Chika's Comment

夏川りみさんもチャンビンさんも、CBCがとても応援しているアーティストさんという事もあり、何かにつけてご縁があるのは嬉しい限りです。りみさんの『涙そうそう』はカラオケの十八番ですし(これは関係ないですね!)、チャンビンさんとはコンサートやイベントで何度も司会をさせてもらっています。同年代ということもあり、お酒を飲んで熱く語り合うこともしばしば。例のあのお店、早く行きましょうね～!

data.

2010年 5月5日

ファッショントークショー

私が着ている衣装も「COTOO」の夏の新作です。フリルの襟の裏にはビジューも付いてますよ。

JR名古屋高島屋で、「to be chic」「COTOO」のデザイナー・林秀三さんとファッションショー&トークショー。フェミニンで上品なラインが特徴のこの2ブランド。ところが実は、林さんは茅ヶ崎出身のサーファーだそう…。海や波、日焼けと言った普段の生活から一体どうやってあの優しいデザインの発想が出てくるのでしょう？ さすが天才デザイナーですよね！

by Cheek 10

Chika's Comment

林さんは、物腰柔らかくスマートでお話上手な素敵な方でした。上の写真の衣装も、いくつか衣装が用意されていた中から林さんに選んで頂いたもの。私が普段着るようなイメージのものでなかったのも何だか楽しかったですね。それはさておき、ファッショントークショーというのはなかなかレベルの高いお仕事の1つ。というのもこの年になるとあまりファッションに冒険をしなくなってしまい、コンサバになってしまいがち…今のトレンドや次々生まれてくるファッション用語を常に勉強しておかなくてはならないですね!

左／ショップチャンネルのビル前にてパチリ
右／臨場感があって、緊張感とワクワク感があって楽しいです♪

data.

2010年 5月20日

ショップチャンネル

「24時間いつでも商品を買うことができる」ショップチャンネル。皆さんも一度は、いえリピーターの方もいらっしゃるかもしれませんね。この生放送のため、多い時には月半分ほど東京滞在です。良く皆さんから「収録タイヘンね～」とお声をかけて頂きますが、本当の本当に24時間全て生放送! 早朝だろうが夕方だろうが深夜だろうが…いつもハイテンションで喋りまくる1時間(笑)。局アナ時代の泊まり勤務・早朝勤務で慣れていて良かったと、心から感謝しましたね!

by Cheek 10

Chika's Comment

1日3回オンエアーがある時もありました。そんな日はスタジオから歩いて3分のホテルの部屋とスタジオ間を行ったり来たり…仮眠してはまた本番(笑)。メイクもいつ落としていいのかわからないですよね。クリスマスと元旦も生放送でした。それでも楽しまなくちゃ損ですからクリスマスは赤と白の衣装で。その年の年越しは控室でスタッフとノンアルコールシャンパンで乾杯でした!

data.

2010年 6月29日

池内ひろ美さんと恋愛トークショー

『ユニモール』さんの40周年記念イベントで池内ひろ美さんとのトークショーMC。人気番組『シアワセ結婚相談所』などで、結婚・離婚・恋愛などについてシンプルでためになる辛口意見をくださる池内さん。この日は「愛される女性になるために」というテーマで、お話をお聞きしましたよ!

by Cheek 13

イベント後には個人的な恋愛相談も。素敵な方でした!

Chika's Comment

ひろ美先生は見た目以上に可愛らしい方です。トークの内容は容赦ない本音トークで相談者をバッサバッサと切り、でも最後は皆さん納得して帰られる、会場内のお客様も大きく頷いていらしたのが印象的でした。このお仕事の後の打ち上げでお酒を交えつつお話などさせて頂いたら…「千佳さん、今度わたしの所にいらっしゃい! いつでも相談に乗るわよ～」と、何とも心強いお言葉。その後先生のバースデーパーティーにも呼んで頂いたりして、交流を続けさせて頂いております。恋愛に困った時は直ぐ先生に相談しますからね～!

☑trip □party □work □sports □other

data.

2010年 7月10日

常滑で陶芸体験

ドライブ日和。さあ、BMWをレンタルして、一路常滑へ向けて出掛けましょう! お天気も最高なので、ルーフを開けて快適ドライブ♪ まずは「やきもの散歩道」へ。初めての"ろくろ体験"は 土がひんやりしていて気持ち良かった。陶芸体験をさせて頂いたのは『晴光』さんです。

by Cheek 12

もともと窯業で栄えたこの地で、今でも稼動している工房や窯元がずらり並んでいます。カップルでいらっしゃるお客様も多いそうです。大人気の体験教室ですので週末は満員になることもあるそう。予約をお忘れなく!

『陶芸体験処 晴光』
愛知県常滑市栄町3-91
☎0569-34-2094

Chika's Comment

セントレアが開港してから常滑に行く機会も増えました。今でもこの時作ったお椀は、お味噌汁からサラダ、パスタ、そうめんまで…何にでも使える万能椀として大活躍!「やきもの散歩道」にはお気に入りのパン屋さん『風舎』などもあり、定番の近場ドライブコースです。

左／一番右が原田さとみちゃん。同年代で気も合うのです。
右／声優としても活躍中の原元美紀ちゃん。

data.

2010年 7月13日

後輩アナたちとは いつまでも♥

CBCの後輩アナウンサー青木まなちゃんのバースデーをお祝いしました! 彼女が入社した時には研修をさせてもらったけど、今では既に大ベテラン。時が経つのは本当に早いな。古川枝里子ちゃん、タレントの原田さとみちゃんも一緒に「女子会」の夜は盛り上がりました! 同じころ東京出張の際、1つ下の後輩アナ、原元美紀ちゃんとも久々にデート。美紀ちゃん行きつけの赤坂のイタリアンで閉店まで、話はいつまでも続くのでした。

by Cheek 13

Chika's Comment

“同じ釜の飯を…”ではないですが、やっぱり同じ職場で働いた先輩後輩たちとはいつ会っても、長く会わなくても、すぐに昔話で盛り上がれる! 時間のギャップがないんですよね。私が入社した時CBCアナは全部で40人近くいたと思うのですが、今は20人強。まなちゃんや枝里子ちゃんは仕事の量も多くて大変でしょうけど、いつまでも頑張ってね! 局アナ時代数々の伝説を残した美紀ちゃんは、東京でタレントやリポーターとして全国津々浦々飛び回っています。キュートな容姿と毒舌は相変わらずです(笑)

data.

2010年 8月3日

やっぱりハワイ!

特にファミリーで行った時など大人数やロケーション重視の店選びの際のおススメレストランを紹介します。まずは、ベトナム料理の『マイ・ラン』。オーナーシェフ、サムさんとの会話もお楽しみのひとつ。日本人女性に恋をして一生懸命勉強したという日本語も堪能です。フレンチの『Michell's』は、ホノルルにレストラン数多くあれど、ここほどサンセットを楽しみながらのディナーを楽しめるレストランはないでしょうね! 40年以上の歴史はずっと長く多くの皆さんから愛されている証拠ですね。

by Cheek 14

上／『マイ・ラン』は、名物「蟹カレー」はもちろん、「生春巻き」「チキンカレー」「エビの春雨香味鍋」もおいしい!
下／チャイナタウンにある『Duc's BISTRO』は、フレンチとベトナム料理を融合させた穴場レストラン。ロコのエグゼクティブや芸能人も訪れるオシャレな雰囲気も、お気に入り。

『ミシェルズ』のビーチサイドの特等席は早めの予約でね! 毎週金曜日はワイキキビーチから上がる花火も目の前です。

Chika's Comment

サムさん超面白いです! ココに来ると芸能人や友人に必ず会います。高倉健さんもご常連です。なので"お忍び"は止めた方が無難です(笑)。それから絶対外せないのがチャイナタウンにある『Ken Fong』。香味野菜をたっぷり使った中華は素材との勝負。海老やカニ、北京ダックは特別オーダーですので事前に注文しておかなくてはなりませんが、店名を聞いただけで涎が出ちゃいます! 〆のチャーハンも絶品! 今年も楽しみ～♪

左／左からシニアソムリエール・島幸子さん、私、『吉兆』総料理長の徳岡邦夫さん、ワイン愛好家の梅本麻乃美さん。
右／島さんの店『サミュゼ・アン・トラヴァイヨン』で、打ち合わせ中。我々の乾杯は、いつもシャンパーニュ。

data.

2010年 8月20日

ワインと シャンソンの夕べ

真夏の夜に、「ワインとシャンソンの夕べ」と題した少し大人のワイン会が行われました。舌の肥えた皆様に、シニアソムリエール・島幸子さんがワインをサービス！シャンパン・白・赤で合計10種類のワインをお楽しみ頂きました。

by Cheek 13

Chika's Comment

真夏にワイン会をしよう、なんて粋だと思いませんか？ さすが我らが姉貴、島幸子さん！ 島さんのワインバー『サミュゼ』で麻乃美さんと集合して“60年代トリオ”などと言いながら楽しく打ち合わせを重ねました。私のワインの師匠でもあり人生の良き相談相手でもある島さんは、楽しく美しくシャンパーニュを飲む姿にも定評があります。同じくワイン好きの吉兆の徳岡さんも、とても気さくで愉快なお方。そんな島さんとワインに魅了されたゲストの皆様のおかげで、熱い夜になりました！

data.

2010年 11月23日

参加女子の中でも
全体の3分の1の順
位を頂けました!

「名古屋シティマラソン」に挑戦!

一念発起、いきなりデビューしてマラソン女子になりました! 初チャレンジは6000人超の参加者で賑わう「名古屋シティマラソン」でした。きちんとトレーニングもしていなかったのですが10キロを1時間で完走できたので周囲の人たちに驚かれましたよ。ゴールする時の感動は他には変えられないものですね。

by Cheek 18

ジュビロ磐田マラソンでは、
ジュビロくんとジュビーちゃん
がお出迎え(笑)

Chika's Comment

特別なウエアもなくトレーニングもなく、コメダでモーニング食べてゆるりと出発した初マラソンは10キロでした。無防備な初心者のその夜の顛末は、地下鉄の階段が降りられず大変苦労しましたが、それ以降味をしめて毎月のように全国各地のマラソン大会に出るようになったのです。ホノルルと那覇と名古屋のフルマラソン以外では、香港、若狭、藪原高原、庄内緑地、金沢、鈴鹿サーキット、青山高原、岐阜清流、駒ケ岳、鈴鹿山麓、ジュビロ磐田、富山滑川、関、モリコロパーク、小布施、などなど数えきれないほど走りましたね〜。美味しいものを食べ、飲むのが楽しみの大半を占めていますが(笑)

data.

2011年 1月25日

杉山清貴さん、岡村孝子さんと

MID-FMに杉山清貴さんがゲストにお越し下さいました! 我々世代の青春時代、毎日の様に耳にしていた杉山さんの夏ソング。この日のOAでもしっかりとかけさせて頂きましたよ。50歳を超えたという杉山さんですが、全く変わらない若々しさと爽やかさ。海の音楽をこよなく愛する杉山さんのライフスタイルが、いつまでもステキでいられる秘訣なのでしょうね。ニューアルバムや全国ツアーも応援しています!

by Cheek 20

上／サングラスをしている姿が普通の杉山さん。サングラスの無い姿はレアものです。
下／昔と全く変わらない可愛らしさ、岡村孝子さん。

Chika's Comment

杉山さんの名曲『二人の夏物語』は、もう25年前の曲だそう。根っからの夏男さんは真冬でもブルーのシャツが爽やかで、太陽の香りがしました。今年になって、またも昭和の想い出の歌手、元あみんの岡村孝子さんがゲストに! 当時憧れの女子大生デュオだった2人、アイドル全盛の時代に「私たちは歌唱力で勝負よ!」の決意を込めてわざわざ無愛想にしたり、わざと不器用に踊ってみたりしてたそう（笑）。透明で柔らかで包み込むような空気感を持つ、少女のような女性でした。

□trip □party □work □sports ☑other

フグでも有名な中区の『司』さんで。まるでてっさのように並べられたブリが美しい。

data.

2011年 1月31日

天才プロデューサー
吉田正樹氏と

「笑う犬の生活」「トリビアの泉」などフジテレビの数々のバラエティ番組を成功させた「伝説のプロデューサー」吉田正樹さんが、旬の氷見の寒ブリを食べに名古屋にいらっしゃいました。ブリ刺しやブリしゃぶを頂きながら聞いた吉田さんの半生は、本当に波乱万丈。著書「人生で大切なことは全部フジテレビで学んだ」を読むと、そのパワーと運の強さがよくわかります。フジテレビが産んだ数々のバラエティの裏話もよくわかりますよ。同じ業界の大先輩として楽しい時間を頂きました。

by Cheek 20

Chika's Comment

憧れの吉田大先輩。頭の回転がぐるぐると早く、同席されていた放送作家さんとのやり取りはどんなお話も全てかけあい漫才のようで笑いっぱなしでした。フジテレビ時代の武勇伝も色々と聞いてはいましたが、周りを納得させ、そう思わせる強力なパワーを持った方。その後場所を移してワインバーへ。ワインの飲み方も豪快で気持ち良かったな♪

Chika's Comment

初マラソンから2か月、無謀にもハーフにチャレンジ! 大好きな街だから走り切れたのでしょうね。ハーフって20キロとばかり思っていたので、最後の1キロが辛かったのは良く覚えています(笑)

data.

2011年 2月16日

香港マラソン2011

初チャレンジとなるハーフマラソン。挑んだ地は大好きな香港でした。国内外から65,000人のランナーが参加した当日。マラソンには最適な少し涼しい曇り空でした。まずは九龍島の尖沙咀(チムサーチョイ)から、賑やかなネイザンロードへ。計21キロの道のりは様々な香港の景色を見せてくれるお楽しみコース。そして高速道路から海底トンネルを抜けて香港島へ。沿道からは「加油!(＝頑張れ)」の声援が止みません! 最後はビル群に囲まれながら走り、ヴィクトリアパークへGOAL! 自分へのご褒美に、今年の「香港・マカオミシュラン」で3つ星を獲得したフレンチレストラン『フォーシーズンホテル香港』内にある「カプリス」へ。日本人デザイナーによる内装デザインは、贅を尽くしたゴージャスさの中にも、品と心地良さが溢れます。

by Cheek 21

癖になりそうなほど楽しかった!

手にしているのは「ロマネ・コンティ」のマグナムボトル。持っているだけですけどね(笑)

☐trip ☑party ☐work ☐sports ☐other

左／「KARA」の衣裳が何故か1セット余分に用意してあって…（笑）
右／チャンビンさんから、歳の数分の赤いバラの花束をプレゼントしていただきました。

data.

2011年 3月5日

Birthday Party

42回目のバースデーがやってきて、「西の会」のメンバーが幹事となりお祝いパーティーを開いてくれました。当日は、西仲間の美容師・瀬戸市『two 3air』の西村くんの手により、初のソフトリーゼントに…集まってくれた大切な友人たち、ありがとう!

by Cheek 22

Chika's Comment

いきなりリーゼント風にされるわ、KARAを踊らされるわで…祝ってもらった本人も参加型の素敵なバースデーになりました! バースデーには制服を着たりコスプレすることもしばしば(笑)。 歳を重ねるごとに“楽しまなくちゃ損! ”という意識が働くのでしょうか? 最近は何でも出来るようになってきました。私のバースデーパーティーを機に出会ったり、皆が楽しく過ごす時間を共有できるのなら幸せです。これからも恐らく“イベントのひとつ”としてやり続けていくのでしょう。

左／友人の写真家・桐島ローランドさんとのトークショーもありました。
右上／車にも詳しいローリーさん。
右下／会場の外では、試乗会も。

data.

2011年 3月21日

BMW披露会MC

BMWハイブリッド車のマスコミ向け披露会でした。全国12か所ツアーのうちの名古屋会場ということで、車文化の名古屋だからこそ気合いも入ります！ 完璧なまでのBMWのフォルムに合うような会場セッティング、当日の衣装はイメージに合わせて白のパンツスーツを着てくるよう指示もあったんですよ。

by Cheek 22

Chika's Comment

ローリーとは同年代で、友人として話も合う楽しい仲間です。まさかお仕事でご一緒するとは思っていなかったので、仕事の依頼が来た時は、本当にこの仕事をしていて良かったと実感しました。海外旅行先で一緒になり、ご家族と遊んでいる時は、ひたすらお子さんの写真を撮りまくる良きパパ。車もキャンプも大好きなアウトドア派。今年は参議院議員選挙に立候補したりと…益々の多才ぶりを発揮してますよね。また何処かで会えるといいな！

□trip □party □work □sports ☑other

data.

2011年 6月3日

御園座特別公演『恋文』

歌舞伎や大物歌手の座長公演で有名な御園座さんですが、最近ではミュージカル的なステージも開催されています。6月の特別公演は「恋文〜星野哲郎物語」でした。作詞家の星野哲郎先生と奥様の朱實さんのお話を、ご自身の作詞家生活50周年を記念して出版された「妻への詫び状」を基に舞台化したのが、この「恋文」です。

by Cheek 23

この舞台は8日間で8人の大物歌手が日替わりゲストで登場したのも話題のひとつでした。辰巳さんは本当に良く食べ良く飲み、いつもとてもパワフルでアクティブです!

Chika's Comment

辰巳さんと言えば、何と言ってもワインでしょう! ワイン愛好家の私との出会いもワインでした。その後何度か名古屋でワインの席でご一緒することがあり、そこからお仕事を含めて親しくさせて頂いております。辰巳さんが副会長を務める「日本ワインを愛する会」に入会してからは、BSフジで放送中の「辰巳さんのワイン番組」収録のために山形のワイナリーツアーに参加したりイベントに参加したり…お会いするたび日本のワインにも詳しくなれました! 夜中まで居酒屋・カラオケ・〆ラーメンと、胃も頭もお身体も元気な辰巳さんに、いつも勇気と元気を頂きます♪食いしん坊万歳!

左／日本ハグ協会代表のマザーさと子さんとハグ！
右／マスコットの"はぐよちゃん"。この子が沢山の方の心を癒しながら日本全国を旅しています。

data.

2011年 8月9日

ハグの日

8月9日は「ハグの日」。代表の高木さと子さんが立ち上げた日本ハグ協会が主催する、年に1度の素敵なイベントでMCをさせて頂きました！ 大切な人や周りの人や自分に、挨拶をしたり声をかけたりメッセージを送ったりしていますか？「気づく、感じる、工夫する」事が何より大切なんです。

by Cheek 24

Chika's Comment

さと子さんは、いつも聖母マリアさまのような優しい笑顔で我々を包んでくれる素敵な方。ハグし合うことでコミュニケーションを図ることを"ハグニケーション"と言って、ハグするだけで誰もが何故だか温かく優しい気持ちになれるんです！ 辛い時苦しい時には『千佳ちゃん、ハグハグ～』と言って抱きしめてくれます。皆さんも、周りの方やご家族と素敵なハグをトライしてみてくださいね！

□trip □party □work □sports ☑other

data.

2011年 8月20日

化粧品ポスター撮影

『(株)フェイマス』さん新商品発売のポスターと動画撮影を。「スパークリングロゼマスク」という商品のイメージが「シャンパン」なので華やかではじけたようなイメージに。プロのメイクさんやスタイリストさん達とのお仕事はきびきびとしていてそれでいて和やかで、とても感じが良いのです。

by Cheek 24

Chika's Comment

モデルさんのように撮られるお仕事は極めて少ない私。アナウンサー当時からスチールなら宣材(宣伝材料)用のプロフィール写真のみでしたからね。この日は「すっぴん風メイクで自然体に」というショットもあったりして、いくつになっても新しい経験って本当に楽しい! 周りにモデルをしている友人も多く、彼女たちのカメラの前での動きを見て“プロ”を感じるのも好き! やっぱり適材適所(笑)

左/普段の私のイメージとは少し違ったこんなショットも♥
右/名古屋で活躍する美女5人と。それぞれの個性を活かしたドレスやメイクも見どころです。華やかなパーティーシーンとナチュラルな自分シーン。資生堂さんの「TSUBAKI」をイメージに。

左／カメラマンさんに指示されてちょっとワザとらしいポーズも！ 女子大生と一緒だと何でもできる（笑）
下／ミスカジュアルゴルフの荒井奈々ちゃんと。

data.

2011年 9月15日

「月刊カジュアルゴルフ」取材

ゴルファーの方ならゴルフ場や練習場で見かけないことはないでしょう『月刊カジュアルゴルフ』。この中に『日本経済新聞』とのタイアップページがあり、次号のキーパーソンとして取材を受けました。多治見のスプリングフィールドで行われた撮影＆取材ラウンド。大好きなゴルフをしながらの取材だなんて夢のようなお仕事です（笑）

by Cheek 24

Chika's Comment

ゴルフ雑誌で、自分のゴルフライフやゴルフスタイルについてこんなに長くしっかりインタビューされたのは初めてでした。おかげで、改めて27年間のゴルフライフを振り返るきっかけになりました。青山編集長、ありがとうございました。一緒に撮影した奈々ちゃんはゴルフ歴数年なのに70台も出すそうで白から打って行くのです！ 可愛い奈々ちゃんから鋭い刺激をもらいました（笑）。〈結論〉これからもマイペースで、真っ直ぐしか飛ばないドライバーで赤マークから、生涯ゴルフは続けて行きます！

□trip □party ☑work □sports □other

data.

2011年 10月2日

10月はピンクリボン月間

「ピンクリボンフェスタinテレビ塔」でMCを。乳がん検診の啓発と共に、歌やパフォーマンスのステージ、トークショーなど。もちろん現場には名古屋市のマンモグラフィーの検診車が来ていたのでココで検診もしてもらえます。ご存知ですか? 名古屋市にお住いの40歳以上の女性の方なら500円で受診できるんですよ。女性の皆さん、年に1度の乳がん・子宮がん検診は身だしなみですよ!

by Cheek 25

ピンクリボンフェスタ実行委員長・伊藤加奈子ドクターとハグ。

こちらがマンモグラフィー。「痛いかも」とか「怖いな」と思っている皆さん! 「あっという間に終わりますし、痛みもそれほどでもありません!

『ココカラウィメンズクリニック』
名古屋市東区泉1-23-36　NBN泉ビル4F
☎052-950-5077(予約制)

Chika's Comment

2010年、乳がんについて加奈子ドクターに取材をさせてもらった時から私の中の関心度は高まり、こうしたイベントの司会や普段からの啓発にも力を入れています。私の決め事! バースデー月に乳がんと子宮頚がんの検診に行く事…人呼んで"バースデー検診"。私の場合は、乳がんはマンモグラフィーと乳腺エコーのダブル受診。どちらか一方では見落とされてしまう可能性もあるので、ダブルがオススメ。家族と愛する人と自分の幸せのため、もっと楽しい人生を送るため、早めの予防と年に1回の検診は女性の身だしなみですよ!

data.

2011年 10月25日

ほんわかした雰囲気はベテラン歌手の証拠ですね。

前川清さん

ご存知、前川清さんとトークショーでご一緒させて頂きました。想像以上に笑顔が印象的な優しい方でした。清ファンの女性が100人以上集まる会でのMCは緊張感もありましたが、ファンの皆さんの熱い質問にひとつずつ笑いと絶妙な間合いを織り交ぜながら答える前川さんのトーク技術は、我々喋り手のお手本でもありました。福山雅治さんが楽曲提供した「ひまわり」もナマで聞けて役得(笑)

by Cheek 26

Chika's Comment

この日をきっかけに清ファンになりました(笑)。今ですと“きよし♪”のかけ声は氷川きよしさんになってしまうのかもしれませんが、歌の途中には私もやはり掛けてしまうのです、“きよし♪”。ファンの皆様をいじりつつ大爆笑の渦に包みながらも、ご本人は飄々とされたまま…そんな雰囲気は今も変わらないのですね。何処かとぼけたようなトークも全て計算付くなのか天然なのか…見破ろうと挑んでみましたが、分かりませんでした(笑)。前川さんの使う長崎弁に癒されて、一時好んで使っていたほど。優しく温かく柔らかい方でした。因みに、前川清さんの公式サイトは「清にゾッコン!」。

□trip ☑party □work □sports □other

data.

2011年 11月25日

酉の会を秘密のレンタルルームで…

酉年生まれの仲間で集まる『酉の会』も結成3年目に突入。ひと回り下の仲間も増え、ますます賑やかに。11月は4人のバースデー月だったので、名古屋の老舗店『喫茶ボンボン』で4人連名のシンプルな真っ白のショートケーキや、フランス惣菜のお店でおしゃれなケータリングを準備したりして…。秘密のレンタルルームで開催した会は大好評!

by Cheek 27

上／集まるにも買い出しにもとっても便利な場所にあるココ。使えます!
下／酉の会には、ゴルフ部もあります。「愛岐カントリー」最終ホールに大集合。

上／「酉の会」女子部。CAやモデル、ファッションプロデューサーなどみんな素晴らしいキャリアを持ってます。
下／酉の会も回を重ねてくると、私より一回り下の酉たちも増えてきて良い感じです!

Chika's Comment

元々は、父が寅年生まれで集まる「寅の会」というグループを作っているのを幼い頃から羨ましく思っていて、いつか私も大人になったらと、思っていたところに賛同してくれた同年代たちと共に結成したのです。しかし酉年生まれって、男も女も基本良く喋る。所謂“ピーチクパーチク”なのかな。ゴルフ部の他にマラソン部も作ったのですが、そちらは希望者が少なく、ずっと部員は2名のまま(笑)

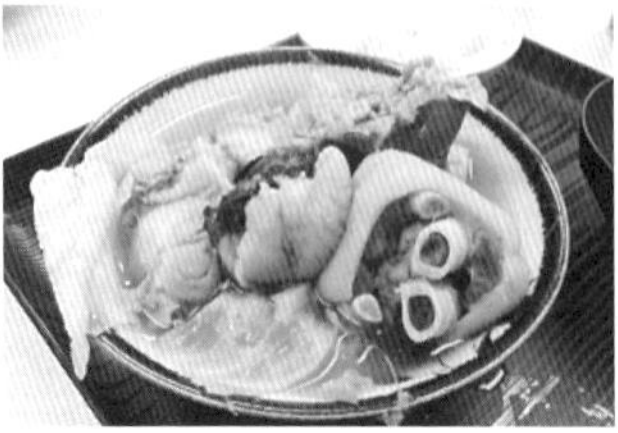

左／本当に美味しかった「あしてびち」。泡盛との相性も抜群なんだとか。
右／ハーフを過ぎた辺りから"私の知らない世界"がやってきました（笑）

data.

2011年 12月2日

42,195キロ
フルマラソン完走

頑張って走ってきたマラソンの大きな目標であった"那覇マラソン"にエントリー。走り始めて1年、少し無茶なチャレンジだったとは思いますが、当日は好天と楽しい仲間のおかげで、初のフルマラソン42,195キロ完走できました！途中数キロ歩いてしまったけど、沿道の皆さんの熱い声援とおやつに励まされてゴール! 前日のランチは、『嶺吉食堂』で一番人気の「あしてびち」を。あしてびちとは豚足のことで、煮込むとゼラチン状になりコラーゲンも豊富なんですって。「あしてびち」を食べるなら『嶺吉食堂』と言われるほどの美味しさです。長寿の島として有名な沖縄ならではの料理をたっぷりいただいて大満足でした。

by Cheek 28

Chika's Comment

実は、何の知識もなく仲間に誘われるままエントリーしたのです。旅行気分で沖縄へ。そして私は現地で驚愕の事実を知るのです…。那覇マラソンはフルの中でも相当キツイ大会だということを（笑）。しかし、走り出してしまえば後はやり抜くしかない訳で。黒糖やフルーツ、ちんすこうやサーターアンダギー、ソーキそばまで…沿道のおやつは本当に有難かったな。

□trip □party ☑work □sports □other

data.

2011年 12月10日

“TAKAKO”

ビューティークリエーターTAKAKOさんの「毎日が笑顔になる 心メイク」出版記念サイン会&トークショーで司会をしました。名古屋出身のTAKAKOさん、ファンや同級生も集まり賑やかなステージになりましたよ! 美に関してのスピリチュアルなメッセージが詰まった、女性必読の一冊です。日々を楽しく過ごすヒントがたっぷり詰まっています。

by Cheek 29

Chika's Comment

MID-FMにゲストでいらして下さったことがご縁で、何度かトークショーもご一緒させて頂いています。名古屋の女子高出身で同年代、一旦話が始まれば終わらないおしゃべり同士。くよくよしない、強力なポジティブオーラを振り撒き、女子を美しく可愛くすることに全力で臨む。TAKAKOさんはそんな女子たちを“姫”と呼びますが、姫達のための美の基地『Beauty Voyage』も白金台にOPENしました。TAKAKOさんはメイクの技術はもちろんですけど、トークの技でも女性を美しくできる救世主ですね!

『Beauty Voyage』
東京都港区白金台5-5-2
☎03-5798-7937

左／いつも元気いっぱいのTAKAKOさんと一緒に!
右／こんなドアップはTAKAKOメークじゃなくちゃできません(笑)

data.

2012年 3月30日

「日間賀島マラソン」でスターター

3月11日の「名古屋ウィメンズマラソン」で燃焼しきった後、全く趣の違う「日間賀島さわやかジョギング大会」にも参加しました。日間賀島の島周り5キロを2周する10キロマラソンです。5キロや3キロウォークなどもあって、島民を含めた2250人のランナーが楽しくワイワイ走る大会でした。そこでまさかのスターターの大役を! 良い想い出になりました。島なので場所によってはかなり風の強いポイントもありましたが、とにかく長閑でゆっくりとした大会でした。日間賀島はたことフグで有名な愛知県の離島ですから、RUNの後は名物ユデダコ、エビフライ、大あさり、お刺身などの海の幸、そしてビールで乾杯。ご家族でいらしても楽しめる大会ですよ!

by Cheek 31

海がとても綺麗で、パワーがある時は2周しちゃいますよ!

Chika's Comment

日間賀島は毎年年末に、家族で過ごす場所でもあるんです。名古屋からこんなに近くて、海に囲まれたロケーションって素敵ですよね!

左／近くには篠島も見渡せる絶好のロケーション。海と空と風に癒されました!
右／ピストルを撃ってから走る、このレアな体験も楽しかった〜癖になりそう(笑)

☑trip □party □work □sports □other

data.

2012年 5月7日

台湾満喫!

台北に着いたら、まずは街のシンボル、世界で2番目に高い超高層ビル「台北101」へ。名産の血珊瑚アクセサリーも必見です。そして、美とグルメを追及する皆さんには、ぜひこの「砂鍋土鶏(土鍋の地鶏スープ)」をオススメしたいです。丸鶏2羽に貝柱、金華ハムを入れて12時間以上煮込んだスープはとっても滋味深いお味。実はコレ、鶏だけじゃなく、フカヒレとアワビも入った超コラーゲンスペシャル(笑)。翌日は台北中心地から北へ30km、どうしても行きたかったノスタルジックな街「九份(ジォウフェン)」へ。『千と千尋の神隠し』に登場する湯婆婆の屋敷の舞台にもなったこの町並みは、夕暮れ時になると提灯が灯ってとても幻想的。坂道にある茶楼に入り、海を臨みながらゆったりと台湾茶を楽しめば、日頃のストレスや疲れが吹き飛ぶこと間違いなし!

by Cheek 32

Chika's Comment

コラーゲンの塊「砂鍋土鶏」が忘れられない! 食べた瞬間から唇がゼラチンでくっつくほどのプルプル感なのです。冷凍して毎朝食べたいな。

上/エントランスにあるジオラマの前で。観光するなら思い切り楽しまなくちゃね!
中/19世紀末には金の採掘で栄えた街…今では観光名所になっています。
下/たった1分で、鍋の表面にコラーゲンの分厚い膜が張るんですよ!

data.

2012年 5月29日

“和”を感じる古民家風の貸別荘

ゴルフ場、スキー場、温泉など
レジャーも充実。

『和み舎(なごみや)ひるがの』
http://www.nagomi-ya.jp

ホテル・旅館・ペンションなど様々な宿泊スタイルがありますが、“和のおもてなし”をコンセプトにした古民家風の貸別荘で過ごす高原ライフもなかなか良いものです。最大25名までの大型コテージあり、BBQコンロがあるウッドデッキあり、生ビールサーバーも装備、ワンちゃんOKという至れり尽くせりの「和み舎ひるがの」で高原ライフを楽しんでみては?

by Cheek 33

ひるがの高原SAで大人気の『ふわふわクレープ』屋さん。道中のお楽しみ♪

Chika's Comment

標高900mの「ひるがの高原」の夏は涼しく、名古屋から車で1時間半というアクセスも便利ですよね。郡上おどりで有名な名水の里郡上八幡はもちろん、少し足を延ばして高山まで出掛けるコースもお楽しみ倍増。“海より山”派の私には、ゴルフ環境の整った高原ライフがたまりません!

□trip □party □work □sports ☑other

必ず予約してからお出かけ下さいね!

『Hot SPA BRAN』
名古屋市中区栄5-7-30
☎052-261-0260

data.

2012年 6月10日

身体の内側から発汗!
米ぬか酵素浴

名古屋初! 米ぬか酵素浴『Hot SPA BRAN』がオープンしました。70℃に発酵させた100%純国産の発酵米ぬか風呂に15分、全身を埋めます。ゆっくり保湿しながら休んでいると、サラサラの汗が体中から湧き出てきます。血行促進、老廃物の排出、新陳代謝に活性…そう! 完全なるデトックスです。終わった後のビールの美味しいことと言ったら(笑)

by Cheek 34

Chika's Comment

リピーター続出の米ぬか酵素浴。体質的に汗をかきにくく、岩盤浴でもじんわり程度にしか汗が出ない私ですが、米ぬかだけは違いましたね。キュウリか茄子か、人間ぬか漬けになった後、1時間ほどライトダウンされた空間で横になってダラダラとお喋りをしていると、それこそダラダラとサラサラの汗が噴き出てくるのです。気持ち良いことこの上なし! その汗をアルコールで補充さえしなければ、もっと良いのでしょうけど(笑)

左／「浴衣 de MOET」で酉仲間と。シャンパーニュと浴衣もかなり良いマリアージュ♥
右／丸八マークの団扇もGOODでしょ?

data.

2012年 8月6日

浴衣を着て盆踊りへ

8月はじめの週末に、『栄ミナミ盆おどり@GOGO'12』に参加しました。矢場公園に屋台が組まれ、盆踊りの他にも和太鼓の演奏やタヒチアンダンスなど、大盛り上がりだった夏の一夜。浴衣を着て、「名古屋丸八音頭」で踊りました。楽しかった～。来年は事前練習会にも参加してマスターしなくちゃ(笑)

by Cheek 36

Chika's Comment

毎夏、最低でも1度は着たい浴衣。着物よりは気軽で(お値段も)お手入れや保管もずっと簡単。夏に花火大会や盆踊りなどの予定がない時には、無理やりの浴衣会を企画します。浴衣用にと、髪に付けるコサージュも沢山購入済み。古くは寝間着だったのですから、涼しげに着なければ冬でも着てもいいかしら? (笑)

□trip □party ☑work □sports □other

data.

2012年 8月13日

武市悦宏プロと♪

お盆はゴルフ雑誌『週刊ゴルフダイジェスト』の撮影でぎふ美濃GCへ。武市悦宏プロにアプローチの極意を教えてもらう女性ゴルファー代表モデルとして参加しました。膝をついたまま250ヤード飛ばしてしまう達人・武市プロ。絶対にダフらないアプローチを教えてもらいましたが…ゴルフ歴26年にもなると、そうは簡単に思い通りにならず、頑固になっている自分に気付かされるのでした(笑)

by Cheek 36

上／笑顔とパナマ帽がトレードマークの武市プロ♪
下／大人4人が、真剣にレッスンを受けている様子。

Chika's Comment

明るいキャラでも人気の武市プロ(何故か別名、雑巾王子!)。お盆の炎天下のゴルフ場でも、その笑顔に元気をもらい撮影は楽しく快調に進みました。私はゴルフ歴だけは長いのですが、レッスンに通った事もなければ練習熱心でもないダメダメゴルファーの私にも熱心に教えて下さり、感謝です。ゴルフってアプローチが本当に大切。飛距離の出ない私のような女性ゴルファーは、アプローチをいかに寄せるかが腕の見せ所。現在ハンディ20。10台になるにはもうこれしか残っていませんね! 今年こそ!!

data.

2012年 9月10日

ビアガーデン in『ランの館』

あまりに気持ち良かったので、2度も開催してしまいました。今回は60人もの方々に集まってもらい、にぎやかに夏を締めくくりました。芝生や池、花に囲まれたロケーションの中、シャンパンや白ワインを持ち込んだちょっとお洒落なビアガーデン。地鶏の丸焼きや大鍋で炊くパエリアも文句なく美味しい。来年の夏もやりましょうね!

by Cheek 36

上／教え子の生徒さんや小さなお子さん連れの友人も、みんな一緒に楽しみました!
下／おまけ! 2013年夏から三越栄本店屋上に移転した『ビアガーデンマイアミ』(☎052-238-0051)も外せない。

Chika's Comment

夏はやっぱりビアガーデン。ワイン党の私も、夏はやっぱり(笑)キンキンに冷えた分厚いジョッキを大勢で合わせるのが好き(ワインじゃそうはいかない)。センスはないがお皿いっぱいに盛るビュッフェ料理も好き。BBQを焼く煙に包まれるのも嫌いじゃない。最近のビアガーデンは高層ビルの屋上にあって、夜風に吹かれるのも好き。要はつまり、ビアガーデンが好き、ってことですね。

□trip □party ☑work □sports □other

佐藤かよちゃんは本当に可愛いかった。色んな話をしてくれました。

data.

2012年 11月3日

「LOVE FESTA」でトークショー

『ノリタケの森』で開催された「LOVE FESTA」でMCをつとめさせていただきました。これは、一般社団法人ペリネイタルケアアソシエイツ「体力メンテナンス協会」のキックオフイベント。写真はステージイベントのひとつで、佐藤かよちゃんと協会理事の朴玲奈ちゃんとのトークショー。精神的にも身体的にも不調や病気に打ち勝つためには、とにかく先ずは体力が重要ですよ!

by Cheek 38

Chika's Comment

プライベートでも親しくしている玲奈ちゃんが立ち上げた「体力メンテナンス協会」。理事ご本人から、「体力なら千佳さんの右に出るものはいない」というお墨付きをいただき、目出度く司会に抜擢! タフな遺伝子を与えてくれた両親にただひたすら感謝する訳ですが、確かに私の場合、どんなに辛くても苦しくても恋に破れても風邪を引いても…食欲が落ちたことはないです。最低3食(多い時は5食!)はしっかり頂き、大好物のお昼寝をすれば健康でいられると信じています。

data.

2012年 11月8日

ケイコ・リーさんと一緒に♪

愛知県出身のケイコさん。明るく楽しいその人柄も大好きで、ライブがいつも楽しみ。

11月にリリースされたジャズシンガー、ケイコ・リーさんのニューアルバム『Keiko Lee sings super standards 2』がオススメです。玉置浩二さんやEXILEのアツシさん、ゴスペラーズの村上てつやさんなどとのコラボ曲も収録されていて、2倍も3倍も得したような気分になれるアルバムです!

by Cheek 39

Chika's Comment

我らがケイコ・リー姐さん。いつも太陽のように明るくて一緒にいるだけでエネルギーをもらえるのに、更にライブでは素敵な歌まで聴かせてくれる。先日の名古屋ブルーノートでのライブでは、息を呑んで聞き惚れるか、総立ちで踊りまくるか、観客はみなどちらかの行動しかしていなかった。辛い物が大好きなケイコさん、持ち歩き用のマイ唐辛子のセットは圧巻なのですが、取り過ぎて喉に支障が出ませんよう願うファンのひとりです。

□trip □party ☑work □sports □other

左／ワインのイメージに合わせて洋服もチョイスするのが、こだわりです。
右／フィリップさんはおしゃべりのセンス抜群。終始笑いっぱなしでした!

data.

2012年 11月15日

ローランペリエ 200周年パーティー

シャンパーニュの老舗メゾン、ローランペリエ社の創立200周年を記念した晩餐会でMCをさせて頂きました。アドバイザーのフィリップさんを迎えて『ル・シュバリエ』での楽しい時間。それぞれのシャンパーニュに合うよう、シェフが趣向を凝らしたメニューに舌鼓を打ちながら、老舗の風格と芳醇なお味を皆様にもご堪能していただけたようです!

by Cheek 38

Chika's Comment

ワイン好きのアナウンサーとしてお仕事を頂くこともしばしば。司会中はなるべくワインを頂かないように我慢すると、仕事後にその美味しさは2倍楽しめますね(笑)。シャンパンの時は泡をイメージしてゴールド、イタリアワイン『ルーチェ』の時はオレンジ…衣装選びにもワインへの愛情注いでます。各国の醸造家さんと仕事させて頂く機会も多いのですが、ワインの味も然り作り方も然り、そしてお国柄も然り。ワインの数だけ人も様々、出会いもまた楽しいのです。

data.

2012年 11月20日

スパグランデ泉5周年!!

友人の経営する『クラブ スパグランデ泉』が5周年を迎えるにあたり、皆様に感謝の気持ちを込めたパーティーで司会のお手伝い。岩盤浴の部屋がワインをサービスするスペースに、トレーニングルームは血液検査の会場に。至るところに五感を意識した素晴らしいパーティーでした。じっくり、自分と自分の心に向き合う時間は大切ですよね。

by Cheek 39

Chika's Comment

飲み過ぎ、食べ過ぎ、睡眠不足…私の普段の不摂生な生活を管理してくれる友人、長濱琴恵ちゃんのスパ。先日トライした遺伝子検査では、周りから不思議がられていた私の身体の秘密がわかった(笑)。生まれ持ったDNAが“タフ”を語ってくれていた。更には筋トレが向かない体質だということも判り、無駄なトレーニングを試みるのをやめ、マラソンやジョギングなどの緩やかな長距離トレーニングに。疲れたらエステやマッサージも有り。体調は心にも通じますからね。「無理をせず継続」がモットーです。

『クラブ スパグランデ泉』
名古屋市東区泉1-10-23 パムスガーデン2F
☎052-971-0550
http://www.grandee-method.com

南信州直送の新鮮有機野菜をたっぷり使ったジュースバーでは、体調に合わせてチョイスするのもいいですね。

SPA以外にも遺伝子検査、加圧トレーニング、浪越指圧などメニューも豊富。

□trip □party □work ☑sports □other

data.

2012年 12月10日

3回目のフルマラソンは ホノルルで!

ホノルルマラソン当日は、3時半に起床してカーボローディング。午前5時、何発もの花火に見送られてスタートです。ダイアモンドヘッドを見ながら夜明けの風を肌で感じつつ…何とか目標タイムでゴール! 来年はあと20分タイムを縮めたいな。そしてやはり、ゴルフも欠かせません。今回は『ハワイアンレディースオープン』の舞台にもなっている素晴らしく美しいゴルフ場「カポレイ・ゴルフコース」でラウンド。またある日は、お気に入りのオアフ島北部にあるサーファー憧れのポイント、ノースショア・サンセットビーチへ。ちょうどこの日は、サーフィンの世界的な大会『ビラボン・パイプラインマスターズ』の前日で、ビーチはワクワク感で盛り上がっていました。暮れゆく太陽を、頭を空っぽにして眺める贅沢な時間でした。

by Cheek 40

左／ハワイ名物のスパムむすびを食べながら。
右／ゴルフプレイ後に入ると気持ち良さは倍増!

上／ラスト4km。ダイアモンドヘッド・ルックアウトからの絶景でパワーチャージ!
下／初心者の私たちでも乗れちゃう(笑)

Chika's Comment

女友達4人で出かけたホノルルマラソン珍道中は、毎日何かが起こり爆笑と冷や汗の連続! 風と緑と人に癒される緩やかな雰囲気の大会でした。マラソン初心者にもオススメですよ!

data.

2013年 2月1日

困っていても
困っていなくても神頼み!

奈良県天理市にある「石上(いそのかみ)神宮」。飛鳥から奈良へと続く日本最古の道「山の辺の道」の中間にあることと、飛鳥時代の豪族物部氏の総氏神として日本最古の神社としても有名です。徐災招福、健康長寿の神様として評判で、毎年私も参拝させて頂いております。ここで授かる御守りは常備です!

by Cheek 41

境内は荘厳な木々に囲まれていて、神々しい雰囲気に包まれます。

左/初詣はお伊勢さんに。五十鈴川の清流に佳き1年を願う。
右/大阪にある今宮戎神社には、商売繁盛の願掛けに。

Chika's Comment

知り合いからそのご利益を聞き、昨年お詣りに行った奈良の石上(いそのかみ)神宮。当時悩んでいた事柄から解放されたという有難いご利益もあり、もうすっかり年明けから節分までの間に行う年中行事となりました。「お伊勢さん」は必須! 今年は式年遷宮もあり、秋にも出来れば行きたいところ。初体験の「今宮のえべっさん」は、BGMは流れるドラは叩く…と大阪商人らしい賑やかさと派手さが面白かった。もちろん「熱田さん」も定番ですよ(笑)

☑trip □party □work □sports □other

data.

2013年 2月22日

暁の寺〜ワット・アルンにて

タイの3大寺院のひとつである『ワット・アルン(暁の寺)』へはチャオプラヤー川を船で渡って向かいます。「アルン」とは暁の意味で、三島由紀夫の小説の舞台になった事でも有名ですよね。ヒンドゥー教の聖地にある山をイメージして作られた仏塔は75m。川沿いにそびえ立つ姿は堂々としていて美しい。黄金に輝く他の寺院とはひと味違う所も魅力です。

by Cheek 42

Chika's Comment

みんなが行きタイ国は、ゴルフやマッサージ、グルメやスパ、観光まで…誰しもが楽しめるお楽しみの宝庫。しかも深夜便・早朝便の往復利用で滞在時間も有効に使える! ゴルファー1人につき最低1人のキャディーさんという殿様ゴルフや、2時間500バーツ(1,500円)という極上のタイ古式マッサージも…必ずやリピートしてしまう魔力を持っている。ただ1つの欠点は、外国産ワインが日本のそれ並に高いことかな。

左／こちらは『バニヤンツリー・バンコク』最上階(61階)の「Vertigo and Moon Bar」。バンコクは世界でも珍しい、ホテルの高層階にあるスカイバーも名物のひとつです。
右／渡し船は3バーツ(90円)。船に揺られながら徐々に近付いてくる寺院もオツなもの。

□trip ☑party □work □sports □other

下／ミツバチをイメージして『シェ・シバタ』のオーナーシェフ柴田君に作ってもらいました。

data.

2013年 3月5日

今年で44歳になりました

歳を重ねるのはとても素敵な事ですね。特に今年は“4と4を合わせて4合わせ=幸せ”という素晴らしい歳です! 当日は、仲間たちがホームパーティー風の“全て手作りバースデーパーティー”を開いてくれました。ケーキまで皆でデコレーションしてくれたそう。愛情がたっぷり詰まった美味しいケーキや温かい気持ちに感謝が止みませんでした。

by Cheek 43

ロウソクのレフ板は美肌効果あり(笑)

Chika's Comment

毎年こうして「誕生祭」を開催して頂いております。祭りの関係者各位、いつもありがとうございます。周りの友人たちはとても気遣い上手で、私が歳を重ねていく事を心配してくださっているようですが、「華麗に加齢」をモットーに、まだもう暫くは加齢を楽しみたいと思っております。来年のバースデーもぜひご一緒に楽しみましょう♪

□trip □party □work ☑sports □other

左／完走賞のティファニーのネックレスは、参加費の2倍以上はするらしい。お得が大好きな名古屋嬢にはたまらない?
右／今年のティファニーは、愛知のお花カキツバタをモチーフにしたネックレス。

data.

2013年 3月10日

名古屋ウィメンズマラソン2013

今年も楽しく走りました。女性ランナー15,000人が名古屋市内を駆け抜ける、ギネスにも認定されたこの大会も今年で2回目。冷たい雨と風という悪条件の中でしたが、美ジョガーさんたちは華麗に走っていました。期間前から設営されている名古屋ドーム内の飲食ブースやイベントスペースも豊富で、走らなくても楽しめるイベント的な要素も年々高まっているみたいです。

by Cheek 43

Chika's Comment

ウェアや看板、グッズやバルーンまでとにかくピンクで溢れた大会。沿道のエイドステーションにはういろうや小倉アンパン、完走すればサンドロール“小倉マーガリン”がもらえるという名古屋色豊かな大会。ただ今年は本当に寒くて、39キロ地点でみぞれが降ってきました。とにかく1分でも早く“暖かいであろう名古屋ドーム”にゴールしたい、と必死に頑張ったおかげで自己ベスト更新。「結果良し!」。

私が教える"NOSS"のクラスも始まります。皆さんも一緒に"NOSS"りましょう!

data.

2013年 3月20日

和のフィットネスでエクササイズ!

日舞の西川流家元・西川右近さんと中京大学の湯浅景元教授が考案した、新しくも伝統的な動きを使った和のエクササイズ"NOSS"(日本おどりスポーツサイエンス)。踊りを使って筋力の衰えを少しでも防ごうというのが狙いなので高齢者の方にも最適です。優雅で華麗でそれでいて結構キツイ、そんな動きに私もすっかり魅了されてしまい、インストラクターの認定を取得しました!

by Cheek 45

Chika's Comment

きっかけは、西川流の西川千雅さんがラジオにゲスト出演した時のこと。「とにかく一度体験レッスンに来て下さいよ」とのお誘いに、千雅さんのお顔を見に行くだけぐらいのつもりで伺ったのですが…実際動いてみると"何とな〜く、それっぽ〜い"日舞らしい動きができて楽しい。たった7分のエクササイズじゃスポーツにもならないと思っていた私の足腰をピリっと緊張させてもくれて、じんわり汗も出るほどの疲労感も。これは年齢関係なく楽しめるスポーツだと思い、インストラクターの資格も取りました。BGMの「この冬がすぎれば」を聞くと体が自然に動き出します!

□trip □party ☑work □sports □other

data.

2013年 4月8日

毎年、可愛い後輩たちに会える楽しみ

贔屓目に見なくても可愛い後輩たち♥

今年も「千佳先生」始まりました。金城学院大学情報文化学部で教え始めて5年目。今年の生徒さんたちも元気いっぱい、個性豊かな学生さんたちがズラリ。滑舌から腹式呼吸、学内情報や韓流スターの話、果ては恋愛相談まで行うバラエティに富んだ授業をしてます!

by blog "Bienvenue"

Chika's Comment

母校の教壇に立ち、後輩たちに「先生」と呼ばれる日が来るとは思ってもみませんでした。恩師からお話を頂いたのが5年前。講義名は『アナウンス技術論』。“できるだけ万遍なく生徒全員を教えてほしいから、少人数制のクラスで”と、クラス定員は25名なのですが履修希望者は毎年どんどん増えて、有難い事に今年は100人を超えていました。彼女たちの興味や日常生活は私にはとても新鮮で面白く、色々とネタを提供してもらっています! 後期からはもう1コマ授業数が増えるので、ネタ提供者も倍増ですね(笑)

data.

2013年 5月15日

『せじけんバー名古屋』にて…

上／千原せいじさんと。
下／“店長”の小林くんと“店長より偉い”オレンジの泉くんはMID-FMのゲストにも。

『せじけんバー名古屋』
名古屋市中区栄3-2-31
NOAビル2A
☎052-253-6556

新しい形のバーが名古屋市中区住吉にオープンしました。スタッフ全員がよしもとの芸人さん、アイドルや役者、歌手、おなべ…という、聞いただけでも楽しそうなバー。カラオケやゲームがあり、スタッフの皆さんのノリも最高です！ ある夜にちょうど、オーナーでもある千原せいじさんが来店されていました。因みに「せいじ」と「ビリケン」で「せじけん」だそうです！

by Cheek 45

Chika's Comment

カラオケも好きな私です。最近は歌いたくなるとココに来てしまいます。芸人さん=店員さんが、もう十分ですというほど盛り上げてくれて歌好きの者のハートを捉えます。バックダンサーが付いたようです。ただ先日、面白すぎる業界同期くんを連れて行った時は、店員さん達もやる事がなくションボリしてましたけどね(笑)

data.

2013年 5月25日

心と身体のバランスボール

少し体調を崩したのか、朝からすっきりしなかったこの日は、バランスボールで弾みに行きました。垂直に真っ直ぐに弾む事って意外と難しいんですよ。ボールに乗って弾んでいると、モヤモヤした事も吹き飛び気分爽快になれます!

by blog "Bienvenue"

インストラクターであり私の先生でもある玲奈ちゃん。

『スタジオレイナパーク』
名古屋市中区大須2-20-1
ボーヌングGOTO1F
☎052-253-7768

インストラクター養成講座の仲間達。みんな飛びっきり明るい。

Chika's Comment

「千佳さんは声も大きいしスタイルもいいから、向いてるよ!」と、声をかけられて始めたバランスボール。学生時代は新体操部にいた事もあり、こうしたスタジオは懐かしく居心地も良いのです。玲奈ちゃんが理事を務める『体力メンテナンス協会』は、生きるために必要な体力を身につけることで、知らず知らずの内に心と身体のメンテナンスができ、気力溢れる人生を送ろうという趣旨。体力だけは自慢の私はこれに大きく賛同! 辛い時苦しい時だって、きちんと食事して人と会話して体を動かす。心の扉まで閉ざさないように、多くの人が少しでもリラックスして笑顔を忘れず生きて行ける事を、協会の皆さんと一緒に願うひとりです。

上／まさに我々、“牛に引かれて善光寺”だった今回の旅。
中／スタート地点の小布施駅。8,000人ものランナーが走る人気の大会。
下／沿道には何と「小布施ワイナリー」の赤白ワインが飲み放題!

data.

2013年 7月14日

Run&Wine

長野県小布施町で開催される『小布施見にマラソン』参加のため、初の小布施へ。スタートが6時と早いので長野に前日入り、善光寺など王道観光コースもまた楽しい。当日は、ふどうや栗、リンゴなど畑のあぜ道を走り抜ける“マイナスイオンと町の皆さんの温かさ”に溢れた大会でした。マラソン後は念願の「小布施ワイナリー」へ…。充実のプチバカンスでした。

by Cheek 47

Chika's Comment

楽しみにしていた「小布施ツアー」。善光寺近くのホテルを取って、前日は観光と前夜祭(笑)。夏のマラソンはキツイので避けているのですが、小布施は別です。午前6時のスタート時点で気温は21度。風は涼しいいし、ぶどう畑やワインにテンションも上がりましたね。RUNの後は普段から愛飲している「小布施ワイナリー」に行くというご褒美も、マラソン完走に追い打ちを掛けました。出場したマラソン大会に勝手にランキングを付けていますが、小布施はTOP3に入りますね!

□trip □party □event □sports ☑other

data.

2013年 7月19日

The“HY会”

職業もさまざま、年齢もさまざま、生きてきた道もさまざま…そんな仲間が集まった「HY会」。元々はゴルフコンペをするために集められた精鋭たち! いつの間にか、仲間の何かのお祝いや仕事の晴れ舞台、マラソン大会やラジオゲスト、ゴルフ雑誌の撮影掲載まで、いつも一緒の素晴らしい仲間です!

by facebook

ベーカーマン

I ♥ Pan

Chika's favorite bakery

私のおすすめパン屋さん

パンコーディネーターの資格を取得するほど、こよなくパンを愛する彼女。
ここでは数ある中から厳選したおすすめのパン屋さんのみをご紹介。
このパン屋さんに足を運べば、アナタもきっとパンの虜になってしまいます。

パンの魅力を
ひとりでも多くの人に伝えたい！

　とにかくパンが好きだったから、自然な流れでパンに興味を持ち始めました。幼い頃から朝食は、味噌汁・アジの開き・漬物に…家族はお米、私だけパン。父が私のことを“パン娘”と呼んだほどの“パンラバー“。“パンについてもっと知りたい!”という思いから、『JPCA認定 パンコーディネーター』の資格を取得しました。私はパン屋さんのようにパンを作るわけではないのですが、パンやパン屋さんの価値をもっと高めていきたいのです。日本はお米の国です。しかしパンの持つ深さ・その可能性は匹敵しています。ご飯と並ぶ選択肢としてパンが認められるよう、少しでも多くの方に“パンラバー”になって頂けるよう、これからも努力していきたいと思います。

※ JPCA(日本パンコーディネーター協会)
　一般社団法人 日本パンコーディネーター協会は、パンを通じた生涯学習の普及推進を活動の大きな目標に掲げ、食の世界でのプロフェッショナルを育成・輩出することを目的としています。

File.001

食べたいパンにきっと出会える
大須で見つけたアットホームなパン屋さん

大須ベーカリー

大須商店街の万松寺通にある、木の温もりが感じられる店造りが可愛らしいパン屋さん。大須で生まれ育ち、大須が大好きな森オーナーの思いがたっぷり詰まった店内には、土地柄なのか、子供やご年配の方、外国人も多いようです。8種類の小麦粉を独自のブレンドで作るパンは、ハード系から総菜パン、スイーツ系などがぎっしり並び、どなたでもお気に入りのパンが見つけられますよ!

ここの一番人気はやっぱり『クリームパン』(150円)。生地にコンデンスミルクを練り込んだというその形はグーをした手の形みたいで愛らしい。とろりふわっとしたカスタードクリームがぎっしり詰まっていて、手で持つとクリームの重みを感じるほど。是非一度お試しを!

Shop data

名古屋市中区大須3-27-18
☎052-262-0075
9:00〜19:30　水曜·第3火曜定休
★地下鉄名城線·鶴舞線上前津駅⑧番出口より徒歩5分。

File.002

老若男女誰からも愛され続け その日の気分で選べるパン屋さん

Basel バーゼル

オーナーシェフの社本さんは"とにかく一番美味しいタイミングで提供したい"と、焼き上がりや出し方にもこだわります。フランスパンからドイツパン、クロワッサンやサンドイッチ、菓子パンやケーキまで、種類の豊富さには頭が下がります。雰囲気もパンも接客も…全て「温かさ」がモットー。無料の挽き立てコーヒーもあるので、購入したパンと一緒にテラス席で楽しむサービスも嬉しい。

1日400〜500本も売れるという看板商品『明太子フィセル』(260円)は、絶えず焼き立てで提供されます。博多「ふくや」の明太子は昆布だしが効いていて旨味抜群! 食パンをトーストするように、焼き直して出してくれるサービスも嬉しいですね。

Shop data

愛知県春日井市東野町2-1-21
☎0568-56-4551
7:00〜19:00　火曜定休
★JR中央本線春日井駅①番出口より車で10分。

NAGOYA | MEITOU

File.003

毎日でも食べたくなる!
ドイツパンの美味しい食べ方を伝授

Freibäcker SAYA フライベッカー サヤ

石臼挽き全粒粉使用のドイツパン専門店。オーナーの金久沙也さんは、ドイツ最北端のリューベックで修業した技術で、毎日挽き立ての粉でパンを焼いています。レバーペーストやクリームチーズ、時には醤油や味噌を合わせる提案などをしながら、ドイツパンの美味しい食べ方をお勧めするという熱心さも素敵なお店。農園直送の新鮮な有機野菜や毎週第1・3土曜のマルシェも人気。

オススメは、挽きたての全粒粉とドライフルーツがぎっしり入っている『フルーツパン』(640円)。そのまま薄くスライスして、チーズやバターと一緒に。切り口も賑やかで楽しい。ワインとの相性もピッタリなので、ディナーや休日の昼下がりのブランチにも!

Chika's Comment

Shop data

名古屋市名東区亀の井3-91
052-753-6522
8:00〜17:00(売り切れ次第終了)　月曜・日曜定休
★地下鉄東山線一社駅②番出口より徒歩15分。
http://www.freibaecker-saya.com/

File.004

あれもこれも買いたくなる 約120種類ものパンがずらり

BakerMan ベーカーマン

名古屋市内で人気のパン屋さんのオーナーだった福井忠男さんが、2012年秋に満を持してオープンさせたお店。“買いやすく食べやすいパン”をモットーに、アンパンやメロンパン、クリームパンや焼きそばパンなど豊富な品揃えが人気です。閉店間際でも焼き立てパンがズラリ並び、1日中お客さんの出入りが絶えません。前店からの人気商品フロマージュトマトも是非お試しを!

Chika's Comment

ベーカーマンに生まれ変わってからの人気第1位は『さくさくデニッシュー』(140円)、第3位は『豚肉ごろごろマイルドカレーパン』(150円)などネーミングにも拘りが。そんな拘りも多い伝説のパン職人・福井さんとパンの話をするのも楽しいですよ!

Shop data

名古屋市名東区よもぎ台2-605
☎052-799-3799
9:00〜19:00　年中無休(年末年始及び臨時休業あり)
★地下鉄東山線一社駅①番出口より車で5分。
http://bakerman.jp/

NAGOYA | HOSHIGAOKA

File.005

ドイツで得た称号“マイスター”による
人を幸せにする魔法のパン

マイスターかきぬまs バックシュトゥーベ

店名はドイツ語ですが、商品はドイツパンだけではありません。オーナーシェフの柿沼理さんが10年間ドイツで学んだ知識と技術を活かして、日々新しいパンを作るお店。国内産小麦、天然酵母のみを使った美味しい石釜焼きパンや焼き菓子たち。あんやジャムも自家製で、アトピーやアレルギー治療の方にも召し上がって頂ける優しいパンを提供しています。

Chika's Comment

石窯焼きの旨みがたっぷり詰まったパンの中でも、特におススメは『カンパーニュ・ノア』(399円)。オーガニックのくるみとレーズンがたっぷり。移転した新店舗では、スープやドリンクと一緒にパンのイートインも可能に。「もう少しゆっくりしていってもらいたい」との柿沼さんの思いが形になりました!

Shop data

名古屋市千種区桜が丘58
☎052-781-3353
9:30〜18:30　木曜定休
★地下鉄東山線星ヶ丘駅③番出口より徒歩7分。
http://meisters-backstube.com/

File.006

和菓子職人の元で育ったオーナーとパティシエールの奥様の美しいコラボ

Le Supreme ル・シュプレーム

栄生駅のすぐそばという便利な場所にあるパンとスイーツのお店。元々、和菓子屋の3代目だったオーナーシェフの渡辺和宏さんが、「Supreme＝最高の」という店名通り、1つひとつ最高のパンを焼いています。丁寧に作りこんだ味を求めるリピーターも多いとか。パティシエールの奥様のアドバイスで作る、宝石のように美しいデニッシュも人気です。

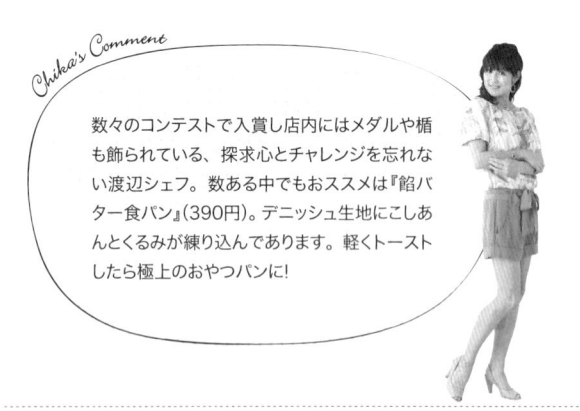

Chika's Comment

数々のコンテストで入賞し店内にはメダルや楯も飾られている、探求心とチャレンジを忘れない渡辺シェフ。数ある中でもおススメは『餡バター食パン』(390円)。デニッシュ生地にこしあんとくるみが練り込んであります。軽くトーストしたら極上のおやつパンに!

Shop data

名古屋市中村区栄生町7-8
☎052-471-3667
10:00～19:00　月曜定休(祝日の場合は営業、翌日休業)
★名鉄名古屋本線栄生駅より徒歩1分。

NAGOYA | HIGASHIYAMADORI

File.007

本場“フランス”のブーランジェリーがココに フランスの日常を名古屋に再現

Le Plaisir du pain ル・プレジール・デュ・パン

店名の由来は“パンの喜び”。本格フランス派のパン屋さんです。オーナーのニコラさんはパンとケーキ、奥様はキッシュやケークサレを焼きます。自慢のバケットは、はちみつで起こした天然酵母を使い、酸味を感じさせない味わい深い一品です。「フランスの日常をそのまま日本でも召し上がって頂きたい」と、ニコラさんは言います。対面販売なので、パンの美味しい食べ方やお料理との合わせ方など、聞いてみるのもいいのでは。

タルト系やムースなど本格フランスパティスリーも充実。ニコラ夫妻のおススメは『パン・プレジール』(310円)。5種類の雑穀に、レーズン・いちじく・アーモンド・杏・ヘーゼルナッツが入ってヘルシーな上にプチ贅沢感が味わえる。ワインやチーズと合わせて気分はパリジェンヌ!

Shop data

名古屋市千種区東山通4-17　黒川ビル1F
☎052-781-0688
9:00～18:30(カフェ～18:00)　火曜・第3月曜定休
★地下鉄東山線東山公園駅④番出口より徒歩2分。
http://www.leplaisir-dupain.com/

おわりに

本書を出版するにあたり、5年間にわたる「フェミニョンへの道」編集担当の皆様、「Chika本」担当の和田様、金森様、村雲様、そして株式会社流行発信小堀社長に心から感謝いたします。現代の若い女性が何処かパワーのないように感じ、これからの世代の彼等に原動力やきっかけを感じてもらえるなら至上の喜びだと、毎月コラムを書かせて頂いております。肩の力を抜いて無理をせず、しかし女性らしさと可愛らしさは忘れてほしくないのです。「フェミニョン」な女性が増えたらいいなと願います。

そして最後まで読んで下さった皆様にも、それぞれが素敵と思える幸せが訪れますように。

2013年8月　　　加藤千佳

加藤千佳 Chika Kato

1991年、金城学院大学 文学部英文学科 卒業。同年、中部日本放送株式会社(CBC)編成局アナウンス部入社。アナウンサーとして活躍後、フリーアナウンサーとして独立。現在は、MC(セレモニー、イベント、パーティー、コンサート、各種トークショーなど)やパーソナリティ(MID-FM)、ショップチャンネルなどテレビ番組等で活躍中。アナウンサー・タレント養成スクール講師、金城学院大学 非常勤講師、ワインセミナー講師、雑誌コラム(月刊Cheek)にて連載中。

【License】
英語検定 準1級
JPCA認定パンコーディネーター
ジュニア・ベジタブル&フルーツマイスター
日本アロマ環境協力認定　アロマテラピー検定1級
JSA日本ソムリエ協会認定 ソムリエ1次試験合格

【Hobby】
ゴルフ、ワイン、マラソン、フランス語、ピアノ演奏、映画観賞、水泳、ヨガ…
そして喋ること

フリーアナウンサー
加藤千佳の華麗な交流録
〜フェミニョンへの道〜

2013年8月29日　初版第1刷発行

著　者　加藤千佳
発行者　小堀　誠
編集者　金森康浩・村雲美香子
発行所　株式会社 流行発信
〒460-8461 名古屋市中区新栄1-6-15
TEL.052-269-9111　FAX.052-269-9119

装丁・デザイン　小林孝枝(株式会社 日本プリコム)
撮　影　後藤佳宏
ヘア&メイク　花村美帆

印刷所　長苗印刷株式会社

定価はカバーに表示してあります。
乱丁、落丁本はお取替えいたします。
本書の無断転載・複写を禁じます。

ISBN 978-4-89040-209-0 ©Printed in Japan